U0061605

PHILOSOPHY OF
DIGITAL MARKETING

數碼行銷的哲學

朱俊昌

張天秀

葉小東

著

推薦語

傅家俊

香港桌球運動員

-

張 Sir 是我很尊重的一位良師益友，我們是通過另一位朋友介紹認識的。初次和張 Sir 見面，他給我的第一個印象是認真、專業、能幹和非常關心朋友。他知道我有兩個女兒，會常常很主動地教導我一些跟小朋友相處的知識。他知道我對做生意有興趣，亦很樂意把很多品牌的成功之道跟我分享。這次張 Sir 和他的朋友決定寫一本關於數碼行銷的書，替他高興的同時，亦非常感恩他能夠用這個機會與大家分享他多年累積的見解。無論你是準備創業、剛開始創業的新丁，或者是已經在商場打拼多年的生意能手，我相信當你看完這本書之後，都必定會獲益良多。

沈慧林

萬希泉鐘錶有限公司創辦人及董事長

-

我是 Baniel Sir 的好朋友，我也做過他不同課程的客席講師，與學生分享我的營商之道。我深知 Baniel Sir 在數碼營銷方面非常有精闢的見解，以及相關的實戰經驗，而 Jeffrey 兄則是經驗豐富的數碼推廣專才，很有權威性。我相信各位讀者定必能藉這書增進在數碼營銷方

面的知識。我極力推薦！

-

黃淑儀博士
哈佛大學肯尼迪學院博士後研究院士

-

就像作者聲稱的那樣，香港確實需要一本詳細研究數碼行銷的書。當這幾位作者要求我寫序時，我真的很高興。事實上，不同院校包括 HKU Space、VTC、PolyU，他們都提供不同的數碼行銷課程，包括一天的研討會，也有文憑和學位等等。

本書其中一位作者 Jeffrey 身處數碼行銷最前線，每天都面對著數碼行銷的問題，不斷與客戶交流及不斷衡量這一領域的未來。因此，這本書每一章中都充滿了案例研究，巧妙地確定了理論基礎和解決問題實際時間的壓力。這是我感受這書的美妙之處，就像哈佛商學院一樣，其 MBA 課程的主要強項和常常位居世界第一的原因，就是專注於案例分析和學習。

更重要的是，在討論線上業務時，將複雜的商業模式，Jeffrey 使用分類來說明不同的商業模式、含義，以及應用。這一點我們都應該感到驚訝和尊重。此外，本書闡述了不同的方法和工具來捕捉數字營銷的重要性，如搜索引擎改良（SEO）、搜索引擎營銷（SEM）、社交媒體改良（SMO）和移動式營銷。同時，我們都意識到，香港有些公司可能想要測試數碼行銷本身的影響，他們目前不想要求外部執行其內部數碼行銷功能，本書提供了一個平衡的觀點，包括涉及甚麼和實踐工具。作者高度讚揚這本書共享經濟的精神——它通過提供階段和步

驟，使一些公司可以自己做。

對我來說，第四章「數碼行銷模式」是整本書的關鍵和精神。當中提到的商業模式是公司收入增長的關鍵，因此，如果你只有時間閱讀一章，毫無疑問就讀這章吧。

Happy Reading—I enjoy it and learn a lot.

-

胡玉君
K11 Concepts 營運（香港）資深董事

-

今次是我第一次為新書寫推介，以前亦有不少人找我幫忙，但一直沒有答應。一，我只寫我懂和有興趣研究的範疇；二，我只為我佩服和真心的朋友寫。當 Baniel WhatsApp 請我寫序時，我只想了 3 分鐘便答應了，當然是因為今次完全符合了我上述的兩個條件。

數碼行銷這個名詞似乎並不是什麼新鮮事，在過去 10 多年間不斷的演變，已由當初的電腦網購逐步進化到踨、橫，甚至互相交叉的模式。無論是大企業或是初創，都不可能與之分割。以前大部分企業都會把數碼行銷交由 IT 部門處理，因為它好像一個三不管地帶。銷售部會認為自己是前線，只管線下銷售，市場推廣則覺得這不是品牌推廣，最後還是拋給了 IT 部門。但作為一家成功的企業或重要的決策者，我們不應該只在跟風，人做我做，根本對數碼行銷仍一知半解，其實香港有不少商家仍未開始大量投入及研究數碼行銷，我們在這方面實在是非常落伍。

在我看完《數碼行銷的哲學》這本書後，我發現它把數碼行銷這概念和內容完全深入淺出的展現出來了。如果你是初階者，看首兩章就已經可以把最基礎的系統全都弄明白了；而進階者進入第三章的「數碼行銷工作坊」可透徹了解數碼行銷對市場推廣、品牌策略、大數據分析、線上線下整合策略、網絡推廣、商品銷售、顧客及潛在顧客的消費行為的重要性。作者更把不少秘技公開及作非常詳細的說明及解釋，閱讀後相信可變成一位小專家。

最後，希望有機會能與三位作者就「綜合數碼行銷術 Integrated Digtial Marketing」作深入的討論研究，這課題我和你們一樣，一直在身體力行地推動進行，我相信這是做市場營銷成功的不二法門。

張寶中
香港工業總會理事（能源及動力分組副主席）

舉目環顧，現代人的生活模式在過去幾年已起著翻天覆地的變化，由尚未正式入學的小孩，到已退休的銀髮族，無不是機不離手，彷彿失去智能電話，離開數碼電子網絡，就會跟這個世界斷聯。作為機構的一分子，不管你是不情不願，或期望成為行業的領頭羊，都無可避免地需要搭上這創新科技的數碼快車。

對一般人來說，數碼行銷、電子商務、社交平台、KOL 等已不是甚麼新事物，因為大家在日常生活或工作上，或多或少一定有所接觸。但問題是，儘管市場上不少「專家」侃侃而談，訴說著數碼發展如何影響到業務的運作及發展，建議機構應當如何裝備以迎接挑戰。無奈

的是，他們大部分的所謂分析建議都是一些不著邊際，人云亦云，無甚深度的空話，教人聽完後不明所以，越聽越糊塗，如墮進五里霧裡。

回頭說 Baniel 及 Jeffrey 這兩位超級數碼達人，真是市場上少見的箇中高手。由於工作關係，曾經多次邀請他們為公司的數碼方案或策略提供意見，而每次 Baniel 及 Jeffrey 都像星級大廚，把問題如洋蔥般一層一層，有條不紊地剝開，將關鍵的考慮逐一呈現眼前，當來龍去脈弄清以後，所需要的答案亦很自然浮現出來。

以數碼行銷為例子，很多人誤以為網頁著陸頁（Landing Page）就是他們推銷產品服務的切入點，但殊不知網絡搜尋器才是迎接顧客的大門口，適當運用 SEO 和 SEM 才是王道，令推廣成效倍增。

又如社交媒體平台 Facebook，一般人看見的是帖文（Post）、跟隨者（Follower）數量、讚好（Like）或評語（Comment）等，但大家又如何去區別是「打手」所為，或內容真的異常吸睛呢？再者又怎樣透過內容及策略的調配做成槓桿效應，以小博大？畢竟就算有條件投放資源，也要用得其所。

談到 KOL，是否意味邀請高知名度、有大量粉絲的明星就是推廣宣傳成敗取決的唯一考慮？事實上，客戶的消費決定往往更受他們對某 KOL 的信任而投射到其使用或推介的產品上。

凡此種種以上所觸及的竅門，當然只是全書的一小部分內容，若你想清楚了解數碼最新發展的底蘊，我誠意向你推薦這本書，相信細閱後

也定能成為新一代的數碼達人。

-

嚴啟明
香港市務學會前主席

-

有些書籍資料豐富，可是都是網上找來的；有些書籍很多案例，但都不是作者的親身體驗，結果讀後如曇花一現、印象模糊。《數碼行銷的哲學》針對內地和香港市場，當中案例，大部分是作者的親身經歷。讀來不但翔實豐富，而且深入淺出，正所謂「知人所不知，能人所不能」！

本書其中一位作者朱俊昌從事數碼營銷多年，服務大小企業，不但在報刊撰寫專欄，更開班講授相關經驗。他於本書施展其渾身解數，不但把數碼行銷世界生動地描繪，配以精彩案例，更加配其過人見解及心得，其深度與廣度，均較其他坊間作品有過之而無不及。一冊在手，令讀者如獲良師舵手，在數碼營銷界得到啟蒙。這正是一座寶山，請你來尋探奇珍！

-

江慧芝
香港基督教女青年會董事

-

在香港大學修讀工商管理碩士時認識張天秀教授，雖然他執教的並非數碼行銷課程，但得知張教授是這範疇的專家，所以大家都有就著這個課題交流。

推薦語

9

毫不保留地跟大家分享是張教授的作風，這方面亦在書中的豐富內容體現出來。當中提到的一些秘訣不但可應用於商業機構上，亦值得非政府組織借鏡，例如「四大黃金法則」、「搜尋引擎行銷」等。

不要以為有關於「數碼」的書就一定沉悶乏味，這本書剛好相反，書中引用很多有趣實例去作解說，深入淺出地令讀者掌握數碼行銷技巧。

冰桶挑戰的成功提醒了我們社交媒體的力量並不是商業機構的專利。非政府組織策劃無論在行銷策略、招募參與者、籌款等等都有機會涉獵到數碼層面，個人認為在這個無現金數碼化來勢洶洶的年代，不論大、中、小型的非政府組織都要去認識數碼行銷這個課題。
誠意推薦這本書給大家！

-

陳凱思
《Metro Pop》雜誌及網站創辦人及行政總裁
-

8年前，數碼平台開始湧現，傳統傳媒開始轉型，客戶的廣告支出開始轉投數碼平台⋯⋯作為老餅傳媒人的我亦不敢怠慢！2010年報讀了個 e-Marketing 的課程，Baniel 正是這課程的導師，以往上過不少關於 Marketing 的課程，自己也是個專業的 Trainer，驚喜地遇到一個不只是紙上談兵，不斷講理論的老師，而是每堂都能提供多個實戰實例作分享、分析，應用程度十分高！當時的同學大多是公司老闆、公司高層、市場推廣人員。對於知道要迎接數碼世代，卻無從入手的我們，遇到這個數碼市場策略及數碼行銷的人肉百科全書，實在

幸運！同時亦啓發了我這個要帶領雜誌轉型到數碼媒體，確立數碼營銷的方向和行動。

今天數碼已全面滲入我們生活，改變了我們的習慣、消費模式，再不受地域、時間限制。要懂得數碼行銷的人，不再只是大公司高層、執行的市場推廣人員，就算是小企業，甚至獨立個體戶（包括小店、KOL、Blogger）都要好好學懂、掌握數碼行銷。

Baniel 曾服務多間跨國公司，又是多間不同行業、知名公司的顧問及策略師，加上一直是大學商學院及不同機構的教授和講師，擁有跨國的視野與多個數碼行銷的成功案例的經驗，更有學者的深度與遠見；由他和他的朋友寫這本書就最佳不過。

這書全方位解構數碼媒體、行銷工具，如何建立成功的數碼行銷模式、網站及方案，社交網絡、流動裝置推廣的最新趨勢、如何投放資源、分析回報及成本效益衡量等等，有多個實際案例分享和研究！這是一本既全面、實用、現代的數碼行銷指南。我誠意推薦這本書給需要認識、學習、增進被啓發數碼行銷的你和我。

-

鄭德銓

香港賽馬會零售業務主管

-

「與時並進」，用這四字詞形容老友 Baniel 就最適合了。我倆識於微時，轉眼間，原來已相識 20 載。當時，我們能夠走在一起，大概是因為大家都從事電訊業並對科技有著濃厚的興趣，盡是說不完的話

題，十分投契。若干年後，Baniel 繼續他多元化的發展，除了科技發展，他更運用自己在市場推廣的經驗去當老闆，進軍飲食零售，把科技及實體應用結合，推至高峰，並把經驗毫不吝嗇地傳授予下一代，實在難得。

談到科技，近年最 Hit 的莫過於數碼轉型或數碼顛覆等。香港政府現正全面投放更大資源，希望打造香港成為數碼城市，並且在亞洲佔一席位。所以，在傳統行業從事多年的我，亦不得不深入探討一下數碼科技對傳統行業帶來的衝擊。前陣子更邀請了 Baniel 及其幾位專家，跟我公司一班管理團隊分享了很多實用的數碼知識，包括市場動向等，深入淺出地引用多個成功個案，實在令我們大開眼界，獲益良多。

是次很榮幸獲 Baniel 邀請替他的新書《數碼行銷的哲學》寫序，本人從事營銷管理超過 20 年，眼見過去幾年數碼科技實在對傳統行業有著很大的影響。現在仍沿用傳統營銷的讀者們，如果您想與時並進，不被淘汰，實在是刻不容緩，相信 Baniel 和他的朋友合寫的這本書可以令讀者們更深入了解數碼科技應用，帶來一定的參考價值。

-

李碧華
官燕棧國際有限公司執行董事

-

數碼行銷是在智能手機發展迅速的背景下，利用互聯網、智能手機及戶外數碼廣告等數碼傳播管道，傳遞最新的產品和活動資訊的一種新型市場推廣方式。數碼行銷的優勢在於能夠更快速地傳遞企業品牌、

產品、活動等資訊。相比起傳統行銷方式,數碼行銷所傳遞的人群更廣泛,其傳播效果如同病毒傳播般驚人。

時代在變,市場環境在變,消費者在變,媒介以及科技更是以一日千里的速度在變。我們不再需要在電視上「看電視」,不再需要在報紙上「看新聞」,也不再需要在雜誌上「看圖片」。因此,我們的行銷方式也需要改變。本書深入闡述了數碼行銷的概念、演進史,以及數碼行銷之不同平台與工具,並且為讀者介紹了如何建立成功的數碼行銷模式,以及如何影響公關行業。筆者更採訪了香港基督教女青年會,以此為案例作深入剖析,為非政府機構指點迷津──如何運用數碼化策略來推廣其機構。

例如官燕棧作為一家傳統的燕窩及滋補品企業,近年也開拓了內地的電子商務,如「天貓」等平台。在未來,官燕棧將會有更多新的嘗試,包括線上線下的融合營銷,以擁抱這個大數據與數碼行銷時代的到來。

市場營銷人員每天絞盡腦汁,望以各種行銷方式來俘獲消費者的芳心。有鑒於此,本書為企業家在品牌建立與推廣方面建立破舊立新的數碼行銷之重思維,對營銷從業者而言,更是一套建立行銷新思維的學習手冊,顛覆讀者固有的行銷思維。

魏城璧博士

香港理工大學中英企業傳訊文學碩士學位課程主任

踏入數碼年代，數碼行銷早已成為香港大中小型企業、專業課程中不可忽視的領域。掌握數碼行銷的策略、模式、技術，如同手握入庫的鑰匙。本書通過大量實務例子、個案，深入淺出地對數碼行銷的定義、數碼行銷的模式、數碼行銷的溝通術、數碼行銷與公關的關係、非政府機構對數碼行銷的需求幾方面進行了精闢的闡述，為大中小型企業的市務、公關部，以及有意從事數碼行銷的市務營銷人員提供了重要的指引。

余佑謙

Snapask 首席執行官

數碼行銷為各行業重新定義了塑造品牌及產品價值的方法，令信息廣度與深度不再只與行銷成本掛鈎。不論是大企業或中小型公司都必須思考更聰明又「貼地」的行銷方法，才能建立最有效的客戶關係與觀感；數碼行銷同時亦令一眾初創公司在資源限制下有了突圍而出的機會，造就了不少成功例子。張老師是數碼行銷課題上的權威，亦一直為我提供意見，令我們在數碼策略的認知與眼光更國際化。此書中將行銷的演化與落地的案例精要地刻畫，相信必定能讓讀者有切身的啟發，推薦一眾有意在創新行業發展的同仁細閱。

推薦語

黃忠建博士

全球財智薈萃（香港）有限公司總裁及副主席

這本書在數碼平台的行銷領域提供了很多寶貴的見解。事實上，這種行銷是一場新的工業革命，在過去的十年裡，亞洲的網上行銷數量已經是激增。在互動數碼平台啟動之初，朱俊昌先生就開始創立了他的互聯網搜尋引擎業務，很快他亦開創了數位銷售業務。我相信在這方面，他是這個領域的先驅者，他應該是香港這方面最博學的專業人士之一。這本書所寫的內容提供了關於數碼平台銷售和行銷的最新歷史、資訊和心得。任何對互聯網行銷有興趣的人士，必須閱讀，這是一本內容豐富的書，從中可得到不少數碼平台的行銷機會。

自序一　朱俊昌

毫無疑問，今天我們生活在一個數碼世界中。我們使用智能手機，所到之處皆有 WiFi 覆蓋，我們用 WhatsApp 打電話、發短訊、上 Facebook 看朋友動態、用 Google 檢索資訊，甚至我們會因為 You-Tube 或者 Instagram 上 KOL 的一句話或一張圖而買一堆我們原本並不需要的東西！

然而 20 年前，世界並不是這個樣子。那時，Google 才剛剛成立，只有最時髦的人才懂得使用 Yahoo 做檢索。現在回想起來，我是幸運的——20 年前，我還是香港最大的電信公司的一名新人時，就加入了公司大型電子商務的推廣活動，從此便一腳踏入市場營銷和網絡推廣領域，見證了這個行業 20 年來的發展變遷。

13 年前，我創辦了一間專業提供 SEO 服務的公司，當時是香港第一家，後來這家公司發展壯大成為現在的 You Find Limited（You-Find）。那個時候大家都還在用電話黃頁，就算是年輕的商家也經常會問：「我們用黃頁用得很好，為甚麼要用你們的甚麼 SEO ？」所以創業階段很困難，大部分時間都用於 Educate 客戶甚麼叫做 Search Engine。

接下來幾年，大約到了 2008 年的時候，社交媒體開始出現並日漸普

及。YouFind 於是跟隨著行業的趨勢、客戶的需求而轉變，我們從做社交媒體、網絡分析和一些有創意的東西開始，到現在為客戶提供全方位的網絡營銷服務——從博客、論壇、搜索引擎營銷（SEO 和 SEM），到網絡分析、社交媒體推廣，我們都具備非常豐富的經驗和能力。

數碼行銷發展到今天，客戶需要的不再是單獨的搜索引擎營銷服務，或者單獨的社交媒體推廣，而是整個整合數碼行銷方案（Total Digital Marketing Solution），甚至數碼化轉型（Digital Transformation）。數碼行銷基於數據，透過數據可以計算出怎樣能幫助到客戶——怎樣推動銷售，怎樣改善他們的品牌形象，怎樣提高他們的生產力。

近年，香港客戶雖然開始用了很多 Digital，但是比起其他國家，香港在數碼化方面還是比較落後的——比起美國，差距很大；比起中國內地，更加落後許多；甚至比不上其他東南亞國家。

在經濟全球化的今天，其他國家成功的網店或者生意模式，已經開始逐漸侵蝕到香港的實體生意。舉例來說，Uber、Airbnb、Skype 這些公司的出現，已經影響了整個行業生態。它們有一個共通點：業務雖然已經很龐大，卻並不擁有任何實體。例如 Uber 並不擁有任何一架的士；Airbnb 也不擁有任何一間酒店房間；而 Skype 也不擁有任何通信基建，但它們都是行業龍頭。

我們清楚地看到：我們一定要數碼化，提高公司競爭力，才能跟這些公司競爭。所以我和張天秀先生（Baniel Cheung）成立了數碼化聯

盟（Digital Transformation Alliance，DTA，http://www.dta.org.hk/）。聯盟的使命就是幫香港公司進一步數碼化，提高公司競爭力，進行數碼化轉型。

關於數碼化、數據化、公司的數據分析能力，我有許多實際的案例可以分享，而我看到目前坊間這類有實際指導的書籍甚少，所以我就想把我這麼多年的經驗，把我做過的培訓、演講等等匯集在這本書裡，跟各位好友、各位對 Digital Marketing 或者 Digitalization 有興趣的人士分享。

科技的發展日新月異，20 年前人們談論電子商務 e-Commerce，10 年前人們談論行動商務 m-Commerce，而現在人們談論人工智能 AI。行銷就是要不斷地創新，不斷地擁抱新事物，才能保持競爭力。希望這本書可以幫助公司意識到數碼化的重要性，實現成功的數碼化轉型，讓我們一起擁抱 Digital ！

自序二　張天秀

我本來在大學研讀電子工程，但在 1990 年畢業後發現自己對技術性的工作不大感興趣，所以不久便轉做市場推廣的工作。那時常常想，要是在大學進修的是商科而不是電子工程，應該會更加適合市場推廣的工作吧。

在 10 多年前創立自己的顧問公司後，有很多機會跟不同行業、不同種類的公司合作，也認識了很多厲害的管理人，了解他們的商業模式和營商策略。經過一段時間，漸漸形成了一套自己的營商、市場推廣和管理理念，這對日後為客戶提供數碼策略的顧問服務幫助很大。

我還記得在 2000 年初，大部分朋友在市場策略上，所選的工具都不外乎電視、收音機和不同的戶外媒體。如果用網上推廣，一般都只會用 Banner Ad。互聯網搜尋器改良和關鍵字搜尋，在那時候對很多人來說還是很陌生的網上市場推廣工具。那時如果談到品牌管理，也大多離不開一般傳統的方法，以提升知名度和生意額為基礎，績效的量度，也是採用傳統的市場調研。

過去 10 多年，其實品牌管理、市場推廣和績效量度的策略和方法已經有非常大的改變，線上線下的融合已是大趨勢，數碼策略成了公司營商不可或缺的一個重要部分，公司內部和外部數據的整合分析成為

影響企業策略的重要關鍵。Social Monitoring、KOL、數碼轉化、大數據分析、人工智能等課題也成了必修的項目。

到了近年，我終於發現當年所選修的電子工程學科，對以上數碼課題的學習提供了不少助力。因為現今的世代，市場營銷、企業策略及其日常運作等已和資訊科技連結在一起，加上多年來為客戶提供營商和市場推廣策略所形成的一套管理理念，以致能夠令到自己在數碼策略上有一番獨有的見解。

其實多年來都很想寫書跟大家分享自己在數碼行銷策略方面的經驗，但是礙於在研究、教學、顧問和初創企業上的工作已非常忙碌，所以遲遲未有動筆。剛好好友 Jeffrey 提出想寫一本數碼行銷策略的書，將他多年來在這方面的經驗和應用分享給大家，我聽了後立刻贊成，也要參上一把，希望將自己的一些營銷策略及見解和 Jeffrey 豐富的實戰經驗融合，結集成書。另外，很高興我之前的學生、現在的好友 Danny 也願意參與一同製作這書，令到這書能夠做得更好。

因為要寫的實在太多，而篇幅有限，我們還有很多和數碼營銷策略有關的東西沒法寫下來，期望將來有機會能夠將我們在這方面的見解一一為大家分享。

在此謝謝支持購買這書的每位讀者。

自序三　葉小東

數碼化的浪潮在近年席捲全球，正在革命性地改變各行各業。很多顛覆性的變革，當我們身處其中的時候，可能不容易發現。數碼化的浪潮，可說是第四次的「工業革命」：第一次工業革命的里程碑是蒸汽機的出現，第二次則是開拓了電力及分工量產，第三次是實現了電子化及自動化，而我們現在所身處的，所謂的第四次工業革命，就是數碼革命。也許聽起來很抽象，但其實正是在我們身邊所發生、發展的技術，包括大數據（Big Data）、人工智能（AI）、區塊鏈（Blockchain），以及把整個價值鏈（Value Chain）數碼化，例如數碼行銷、數碼採購等。在可見的將來，這些技術將會對人類的生活、生產造成巨大的變革。作為身處在這「大時代」中的我們，無論是大企業、創業家，還是員工、消費者，倘若能認識這浪潮、抓緊這浪潮所帶來的機遇，必定能如虎添翼，更大機會獲得突破性的發展。

能夠參與在這變革的浪潮中，是一件值得慶幸的事。10多年前，Baniel 兄是我大學的老師，畢業後他是我的生命師傅，一直蒙他悉心的提攜教導。他的知識很淵博，而數碼行銷更是他非常擅長的範疇。多年來有幸能參與他不少企業顧問的項目，為大小企業調研獻計，數碼營銷、數碼化則是當中常青的主題。Jeffrey 兄在數碼行銷方面也是擁有豐富的實戰經驗，與他見面時，他常願意分享他的見解，由 Search Marketing 談到 Social Media Marketing，而且往往

配以很多有用的例子來闡述，知道他在這書中同樣不吝地與讀者分享
他的寶貴經驗，我深信大家必能有所得著。

非常感謝 Baniel 兄和 Jeffrey 兄，有幸向這兩位江湖高手學習，並
參與在這書的撰寫，分享點滴的經驗。

祝願各位都能在這數碼化的浪潮中乘風破浪！

TABLE OF CONTENTS 目錄

目錄

目錄

何謂數碼行銷？
**What is
Digital Marketing?**

▶

「日新月異」這個詞語雖然很舊，但形容最新的資訊科技卻非常貼切。千禧世代，電子產品顛覆了大眾的生活模式：由以前的「電視汁撈飯」，到今日的「機不離手」；由以前長途跋涉到名店搜購心頭好，到現在只需用一隻手指，點擊一下智能手機或平板電腦，便能安坐家中，靜待到貨。

消費者沉醉於多姿多彩的網絡世界，令市場營商環境產生了巨變，商場杳無人跡，生意如坐瀡滑梯節節下降；電視廣告成為過氣大哥，如今難以接觸客戶。傳統宣傳媒體氣虛血弱，能獲得的資源投放亦逐漸下調。餓了卻沒飯吃，力氣自然更差，面對種種營商環境的轉變，商家急忙開拓出路。放眼四海，網上行銷逆勢向上，自然成為大家的救命草。網上行銷其實亦只是數碼行銷的其中一種手法。

數碼行銷一般是指將電腦科技與網絡結合，從而達到推銷的手法。時至今日，由於科技的日新月異，數碼行銷不再單單局限於電腦，更應用於電視、智慧型手機、平板電腦與遊戲機等不同平台。令到「行銷」達到了不再受地域、時間、成本等因素所限制。

#1.1 數碼推廣的重要性及威力

數碼行銷逐漸普及，上至公司高層，下至執行的市場推廣人員，甚至是個人層面均知其重要性及威力。

根據香港審計署的數據，近年投放於數碼媒體作推廣的資源穩步上升，到 2019 年，其年均複合增長率將比自 2017 年上升不少於 15%，比其他傳統媒體更為快速。美國市場的情況也類似，根據 U.S. Commerce Department 的數據，由 2013 年第二季度至 2015 年第二季，電子商務的增長已經遠超於傳統的實體商店，而美國於剛過去的感恩節實體店的銷售更錄得下降。

今時今日網上購物已經不再是年輕人的專利，45 到 64 歲的用家亦有超過 50% 曾經試過網上購物，而 65 歲以上的朋友亦有 48% 嘗試過網購。當你開始拓展電子商務時，你的商品及服務就已經是面向世界，全球各地的潛在消費者都可以經由網店接觸到你。

個案分享：電子商務之大場趨勢

先讓筆者舉一個個人經歷作例子。筆者是三個孩子的爸爸，筆者希望給他們更好的保健產品去增強他們的健康，雖然筆者已經有一張健康補充品及有機食品的清單，但由於香港沒有發售這些商品，只好於美國店舖網站網購。但當筆者用這間店的網購越久，就越發現它非常具競爭力。它的定價非常進取，而且貨品選擇亦多，讓你可於一間店裡

買到大部分你需要的東西。而且它的物流效率高而且價錢合理，早前更推出不論買多少東西，運費都只是劃一港幣 40 元的推廣活動。

其實電子商務對每個行業都影響深遠，就算你得到香港的獨家經營權，客戶們依然可以於其他網站上購買，加上 Uber 及 Airbnb 等電子化的商業模式興起，電子商務已經完全進入我們的生活。不論零售或服務業，整個行業的生態正在轉變，如果想要保持品牌的競爭性，大家必須了解消費者的消費習慣，從而去制定一套度身訂造的電子商務策略方為上策。

而數碼行銷涉及不少技術操作及專業用語,例如搜尋引擎行銷(Search Engine Marketing,簡稱 SEM)、搜尋引擎最佳化(Search Engine Optimization,簡稱 SEO)、社交媒體優化(Social Media Optimization,簡稱 SMO)及分析(Analytics)。這些新字看似複雜難明,卻在「數碼行銷」中擔當重要角色。只要了解透徹,適當應用,業務定必穩步上揚。

由數碼行銷衍生的不同行銷範疇,如搜尋行銷(Search Marketing)、視覺行銷(Display Marketing)、視頻行銷(Video Marketing)、社交媒體行銷(Social Media Marketing)、手機行銷(Mobile Marketing),不同領域,各有特色。市場人員可按客戶群的習慣、喜好,作出針對品牌的推廣,這比傳統媒體更能貼近顧客需要,亦能以不同測量工具收集顧客數據作分析,改善銷售策略。只有「給客戶所需」,才能刺激其購買慾,產品才能在競爭對手中脫穎而出。毫不誇張地說,現在是數碼行銷的年代,一旦追不上這個趨勢,很容易會被淘汰。

#1.2　數碼行銷難點:「不能量度,就難以改善」

行銷巨人 Peter Drucker 說過:「你不能量度一件事,就難以去改善。」("If you can't measure it, you can't improve it.")

以前,市場人員可能要靜待廣告或新產品推出兩星期,再慢慢搜集市場反應,但現在是數碼世代,市場人員可以拿到大量的即時數據,這些資料看似很值錢,但又應該如何變成現金呢?

市場人員須根據大數據,分析消費者的購物模式,制定統籌「數碼行銷」策略,並在產品接觸客戶的層面和宣傳技巧上,隨機應變,迎合需要。然而,萬變不離其宗,在掌握好傳統市場學概念後,以此作基礎,再作延伸,這更能有效探討數碼時代裡,消費者的購買模式及相應的市場應對策略。

#1.3 全新「數碼策略模型」，助你提升競爭力

要實現數碼行銷領域的「量度」，必然離不開全新的數碼策略模型。筆者身為策略師，曾向不少大中型企業制訂數碼策略（Digital Strategy），並以多年教學及顧問經驗，整合了一個全新的「數碼策略模型」（Digital Strategy Model），把數碼行銷的概念形象化，並涵蓋其特性，為市場人員提供框架，以便更有效應用到數碼行銷的策略制定和量度上。

這個全新的「數碼策略模型」提供了一套準則，並給予清晰的指引，讓市場人員制訂和量度推廣活動的指標，可因應不同的指標，訂立具競爭力的整合數碼策略。同時，這模型亦能作為一個結構框架，讓企業能決定採用哪些數碼行銷工具，以更有效達致行銷目的，並釐定運用哪些數據和量度工具，作檢測成效及改善活動之用。

數碼策略模型

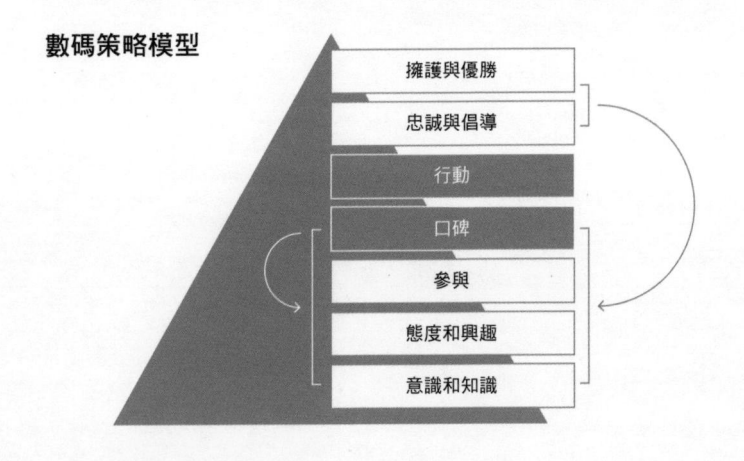

「數碼行銷」的整合策略並不局限於技術操作層面，在執行方面亦應深究。例如：

01. 接觸客戶時，文案是否切合顧客的語言習慣，內容是否別出心裁，能否在眾多帖文（Post）中出奇制勝，以加強顧客與品牌產品的互動性？
02. 在社交平台處理負面評價時，企業是否有成熟的危機意識及配套，迎刃化解公關災難？
03. 反之，如果在網下出現「公關災難」，企業又能否駕馭強大的數碼平台，扭轉頹勢，挽留現有客戶群之餘，又增加正面評價，吸納更多新客人呢？

市場人員在制定行銷計劃時，亦應按年度財務預算及業務性質，適當地分配資源到網上網下平台，作全面的市場策劃。一些小型企業及非牟利機構，亦可善用網上資源，以數碼平台，開拓新領域。

「數碼行銷」雖有別於傳統行銷，但不代表應摒棄傳統市場學概念，而應以這些學術模型為基礎，再加以建構及反覆修改，創立一套適合「數碼行銷」的獨特方案。

個案分享：快和準對數碼化的重要性

記得在去年10月，一間醫學美容中心推出一輯網上廣告，請來外貌非常相似的阮兆祥和盧覓雪飾演一對孖女，用二人的成長過程遇到的不同待遇，帶出做好皮膚保養的重要性。廣告推出後立即成為網上熱話，兩位藝人和美容中心在社交平台的提及度（Social Mentions）大增。除了廣告片本身的瀏覽量高外，美容中心 Facebook 專頁的讚好人數，也在廣告播出後短短一個月增加了10%。

其實，阮兆祥和盧覓雪這對「孖公仔」組合並非首次在銀幕上出現。早在2010年 TVB 一個節目中，二人初次走在一起，已成功變做熱話。這次醫學美容中心廣告又將熱話「翻炒」，成功捉住網民對這個搞笑組合的喜愛度。當然，其他品牌也可乘著熱潮，邀請他們作宣傳。

熱話每天都有，但能否利用熱話為自己的品牌帶來好的宣傳效果，那便視乎市場營銷人員的功架了。在2016年，有網民將《夢中的婚禮》配上「雞！全部都係雞」的歌詞，很快便在網上鋪天蓋地流傳，不少市場營銷人員都爭相利用這首歌，在 Facebook 出帖子、拍片。曾經有補習導師將學生感謝他的 WhatsApp 對話放在 Facebook 專頁，不過很快就被網民質疑是他自己傳給自己「製造」感謝對話。不少 Marketer 都隨即「抽水」（即在某一事件上借機引申為對另一事件／事物的批判或嘲諷），製作相類似的感謝對話，為自己品牌「吸 like」（即吸引對其的注意及喜歡），增加專頁的互動率（Engagement Rate），又可讓更多人認識自己的品牌。

不過，即使市場營銷人員亦深深明白「即時」的重要性，但很多公司的制度都未必容許自己品牌的 Facebook 專頁帖子成為熱門話題。前線員工或營銷公司從看到熱門話題，到構思「抽水」點子、寫 Facebook 帖子、設計圖片，可能只是 1 至 2 小時的事情，不過有些公司的帖子要經高層審批，之後還要過「高高層」，拖延 1 至 2 天才通過，可能屆時熱潮已過。

所以在各行各業都走向數碼化的年代，無論是「抽水」的內容，還是在數年後重新利用過去的熱話作宣傳，都要「快」和「準」。

#1.4　數碼行銷的三個關鍵詞

一、關係行銷（Relationship Marketing）

關係行銷，也就是線上顧客「我」的參與度，至關重要，綜觀而言這種行銷模式有三種不同的粘連方式，分別叫做金融（Financial）、社交（Social）及結構（Structural）。如果我們要做一個線上業務，最理想就是做到第三種，即結構粘連的程度。

第一種：金融粘連（Financial Bonding）

金融粘連簡單來說，就是凡事向錢看，哪裡便宜就走到哪裡。由於顧客並沒有一些深層的考慮，如品牌、質素、外觀等，所以當消費時，價值是顧客之唯一考慮因素。例如是訂購機票，現時很多網站如 Ctrip 都有訂購機票的功能，比起一般直接在航空公司訂機票，Ctrip 最大的優勢是可以羅列出不同航空公司的機票，從而對比價格，這對於一些沒有對特定航空公司有情意結的客戶，可以輕易挑選出符合要求，而價格最低的選擇，這就是所謂的金融粘連。

第二種：社交粘連（Social Bonding）

指網站和「我」之間有些許感情的基礎，沒那麼容易離開；但如果第二個網站的貨品一樣那麼優秀，而且更便宜一點，那我會從第一個網站走到另一個。這種情況下，最常見的就是預訂酒店。

A 網站的價格確是很實惠，但價錢上有沒有比別的網站便宜呢？但如果找到比 A 網站更便宜的 B 網站，我會選擇 B 網站，這是很正常的事。但要留意的是，為甚麼第一個網站還是得到了我的垂青呢？因

為他有社交反應（Social Response），可能有人在網站上可以發問問題，與我互動，解答我的難題，產生了感情的基礎。這樣有機會留到一批客人，但未必是最有效的。

第三種：結構粘連（Structural Bonding）

講金，但便宜些許少就離開；講心，留得住一時，但都不及結構強大，因為它能令顧客不能離開。你試想一下，很多朋友不喜歡用 Yahoo，他一定會堅持說 Yahoo 會讓人入侵，所有東西被偷，很麻煩的。但無論他怎樣罵，他卻不走，為甚麼？既然 Google 搜索比較容易，伺服器比較快，為甚麼不轉？

那就是朋友圈不知道他的電郵，如果要通知每一位是很麻煩的，所以，儘管你很討厭 Yahoo，但你卻走不了。你可能不常用 Hotmail，不過因為某些原因走不掉：朋友都知道你的 Hotmail 電郵地址。這個就是結構粘連（Structural Bounding）。

Facebook 也類似，你不可能不用，因為你全部朋友都在裡面，你想離開都不行。然而，為甚麼有的年輕人會離開 Facebook 呢？正正因為他們不喜歡被人約束，不喜歡被人看到他們的東西，所以他們就走到另一邊。這些社交粘連對於我們來說有好處，但對我們來說是阻礙，所以做任何數碼行銷是一定要結構粘連，那才是最為牢固。

二、個人化（Personalisation）

個人化的範疇很廣，主要看 4 個層面。產品服務個人化、網站個人化、電郵個人化，以及溝通個人化。下面讓我們逐一分析。

第一個層面：產品服務個人化

Amazon 是美國很大的一個購物網站。你在 **Amazon** 搜尋過書之後，它會記住你的偏好和瀏覽紀錄，並為你推薦同類型的書籍。你搜索或購買的書籍、物品越多，它的推薦就會越準確。這就是數碼行銷的產品服務個人化。

第二個層面：網站個人化

網站可以做到絕對個人化，原因是因為它可儲存你以前的紀錄。如果你登入用戶，它會知道你以往做過甚麼。我經常想問，如果我常常登入某個網站，為甚麼我不可以要求我看到的首頁與別不同？

但網站個人化在香港甚少見到。網站個人化講求如何把內容與個人結合。試想想一個 80 歲老人上網時，網頁的字體太小看不清楚，他固然可以放大，但最完美的在於網頁能不能有自備這個設置。

第三個層面：電郵個人化

有時候，每個人收到的電郵推廣都一樣，但厲害的是名字不一樣；不過它有時候也會弄錯名字，例如將你的姓氏和名字會調換了，你不會覺得很奇怪嗎？奇怪在於電郵沒有做個人化。

一個好的推廣電郵應該是甚麼樣子的呢？你可以記錄對方過往有沒有開啟過你的推廣電郵？如果我連開都沒有開的話，你發送給我也只是浪費我的時間，你的資源。

如果對方有開啟的話，或者可以試試。如果每一個星期發送一次，開啟次數不多的話，你可以試試延長到兩星期，次數或許更多一些。當

我覺得你沒有拒收我，其實可以做很多測試，但一般人不會。這就是一般電郵行銷的弊端，一封發給一萬人（one for all）。但真正的電郵行銷傳統是一對一。

第四個層面：溝通個人化

溝通個人化包括你的職銜、電郵地址、內容、署名及發送頻率。你要保證顧客進門後就不會離開，必須是由你去將溝通客製化（Customize），根據以上提到的 4 個層面，由產品服務個人化，到網站個人化和電郵個人化，再進而到終極的溝通個人化。

從個人化到如何更有效的達到電子客戶關係管理策略（e-CRM Strategy），最常見的有選擇助手（Choice Assistant）。當你在選手機的時候，你可能不知道每個型號的手機的功能，不是電話專家的話是難以分辨每部手機的功效的。所以你要使用選擇助手替你將選擇範圍縮小，間接幫助你找出你最想要的手機型號。特別你是電子商務公司（e-Companies）的時候，出現了太多產品難以選擇的時候，選擇助手這功能便能大大幫助了你。

訊息個人化　GA 幫到手

另外一樣個人化的方法，就是個人化即時訊息（Personalized Messaging）。無論在任何的通訊平台如電郵、SMS、WhatsApp 做推廣也好，我們都一定要實行個人化。

一般來說是用電郵時，最差是甚麼都不知道的客戶，我們叫無名氏（Anonymous），你沒有辦法將其訊息個人化。但只要你了解客戶探訪你的網站的頻率，在網站做過甚麼動作，有沒有記錄下來，甚至有

沒有他的 ID、他的名字、他的電話號碼。當你知道越多東西，你的客製化成功率就越高。

其中一個例子就是 Google Analytics（GA）。你安裝了在你的網站後，你可以知道甚麼人、甚麼時候上過你網頁的哪一版、停留多久或按過甚麼連結。最早期的 GA，只是知道何時登入何時登出，後來加入了更多功能。

三、網頁廣告檢視（Checking）

上文提及到要以 Google Analytics 去分析網站的登陸及瀏覽資訊，其實同樣地，除了網站外，網頁廣告的檢視方式（Checking）亦是數碼行銷的一個重要關鍵。很簡單，如果你在 Facebook 落了一個網頁廣告，然而，如果沒有查看顧客停留在該網頁廣告的時間，怎樣知道這個網頁廣告成功與否。那樣你永遠不會知道哪個推廣方式更有效率，又怎會知道何種推廣方式用的錢比較少，很多事情永遠都不會知道的。

例子一：一按 Banner 廣告便退出

Checking 最有趣的是，比如我的網頁有 Banner，按鈕在那裡，你會發現有些人按進去，會去了第一版。但如果一看到第二版，人們便立刻退出的話，那就代表推廣很不成功，如果你發現有 100 個人都是這樣，一進就按退出，證明這個品牌十分有問題。

例子二：一進付款頁面便離開

這些數據十分重要，又或者甚至你會發現有些人下載支付表格，但他

沒有做網上支付，雖然離線支付也是可以的，但所有東西都需要做 Checking，才有辦法去量度。

甚至你需要設定下載表格，下載表格之前必須先填寫一些個人資訊，以便檢查客戶的基本資訊。而 GA 可以幫助你拿到這些資訊，此後，如果你發現有個顧客，常常去到支付頁面就離開，你就可以發送一個電郵給他，問他是否在付款時出現問題。

例子三：偏不看你的品牌

例如你發現有個人很喜歡看某些樓房，但偏偏就是不去你的門市看，你是否應該找個經紀聯繫他？提供一些樓房給他看？這就是 Google 層次結構（Google Hierarchy）發揮優勢之處了。Google Hierarchy 最大的好處是不用付費，即可拿到相關的客戶資料。

讀者如想有效地運用數碼行銷，那就是記緊關係行銷（Relation- ship Marketing）、個人化（Personalisation），以及網頁廣告檢視（Checking）這3個關鍵字。透過粘連將用戶綁定，然後根據用戶不同的喜好，推薦他們有興趣的廣告，再密切地關注他們的檢視方式再不斷改進，最後達成目的。

總結

數碼化為現今世代的大趨勢,它改變的不單是資訊傳播的方式,更是徹底改變了用家的消費模式,因此,數碼行銷成為了每一位行銷人員、商家,乃至普通市民均應該重視的行銷技巧。正確而言,應該是不同職業、身份、地位的人所重視的技巧。行銷人員或商家等,固然應該運用數碼行銷於增加銷量之用或是公關用途;而不需要推銷產品的普通市民,是否沒有必要了解數碼行銷呢?當然不是,數碼行銷不單是應用於產品上的推廣,更可以用作個人的推廣,例如如何善用社交媒體建立個人形象及社交網絡、如何運用 Linkedin 吸引合適的工作主動來找你等等。這些種種都是與數碼行銷息息相關,所以數碼行銷應用的範圍,是非常廣泛的。

回閒蔑蕩汸話了?

※

…

CHAPTER

#2

繼續行駛/飛行中

數碼技術引領了數碼行銷，而 Google 和蘋果可說是開啟數碼行銷的先行者。沒有 Google 搜尋器或是蘋果神器 iPhone，隨著這些應運而生的副產品如手機應用程式 App 等，根本就不可能出現，也就不會有目前的數碼行銷。

Facebook 早期沒那麼流行，它的本質是社交平台。但隨著 Apple 帶起智能手機（Smartphone）熱潮，Google 將其功用量化，再加上移動裝置崛起，Facebook 作為領先社交平台的影響力才能無限膨脹。在這一章中，我們將要講述數碼行銷的演變發展。

#2.1　行銷的演變：由 4Ps 到 8Ps

傳統行銷講 4Ps，4Ps 在上世紀 70 年代興起，靠電腦做分析，其中要素有：

01. Product（產品）
02. Price（定價）
03. Place（通路）
04. Promotion（推廣）

發展到 80 年代，服務業變成講 8Ps，其中要素有：

05. Product（產品）
06. Price（定價）
07. Place（通路）
08. Promotion（推廣）
09. People（人）
10. Process（流程）
11. Physical evidence（實體形象與展示）
12. Productivity（科技令服務更暢順）

其實線上、線下的行銷是類似的，但也正在改變中。由最傳統的 4Ps，到現在的 8Ps，由線下（offline）到線上（online），由以前的小數據到現在的大數據，時代不斷進步，行銷不斷進化（Evolution），8Ps 就是在 4Ps 的基礎上不斷完善改進，而所有行銷精神則是不變的。

個案分享：擁抱數碼化——傳統行業如何做大個餅

筆者經常在思考一個問題，在數碼行銷的衝擊下，傳統行業實體店應該如何謀求出路及突破呢？以下是筆者的一個親身經歷：

健康食品市場越來越大，相關店舖亦越開越多。以往我購買營養補充品，會到實體店選購，直到兩年前，我為兒子上網搜尋濕疹相關的資料及合適的營養補充品，發現有一個以售賣營養補充品為主的外國網站 iHerb，會搜羅世界各地不同品牌的營養補充品及家品，很容易就找到心頭好，而且國際運費亦非常便宜，只需購買數百元貨品就可免費送到府上，現在我家中大部分營養補充品都購自 iHerb。另一個我經常光顧的同類網站是售賣英文書的網上商店 Book Depository，裡面有很多香港買不到的圖書，而且在香港購買免運費。

以上兩個網站像主打共用經濟的 Airbnb、上載一張照片就可找到同款貨品的網購時裝平台 Goxip 一樣，都可讓買家同一時間比較不同品牌類似產品的價錢及成分，按用家喜好、年齡及身體需要等，選擇合適的貨品，更容易找到心頭好。很多同類網站都沒有一個自家生產的實體產品，反而是以一個仲介形式運作。他們所提供的品牌及產品多樣性，是普通實體店難以滿足顧客的，瓜分了很多實體店的客源。

互聯網的出現令產品銷售不再局限地區及時間，產品在上述提到的同類網站上架，可走向全球化。不過，這不代表傳統行業實體店就沒有存在的價值，而是他們要知道如何自我增值，利用數碼化（Digitalization）「做番大個餅」。而實體店就可以保留作一個標誌，讓顧客到店內體驗產品，下次再買時便可直接透過網上商店選購。

所以說，傳統行業要做好實體店之餘，亦要擁抱數碼化，才可保持競爭力及將產品推向國際市場。

個案分享：擁抱數碼化　傳統行業如何提升

每逢新一年的到來，總會有很多人預告當年各行各業新趨勢，其中數碼化（Digitalization）談論已久。其實傳統行業如何利用數碼化的新趨勢「救亡」，亦是一個很值得研究的課題。

在過去數年間，傳統出版業相關機構倒閉的消息一個接一個：大型連鎖書店 Page One 突然結業、數本雜誌先後停刊，或改為只有網上版。傳統出版業人人自危，有的早已試行數碼化，亦有剛剛醒覺的急起直追，但為何有些出版業利用 Facebook 專頁宣傳或發布新資訊「吸 like」，業務仍沒有太大起色？因為要在數碼化中找到新出路，不再只是將文字內容搬到網上般簡單，而是要當一個策展者（Curator）。

策展者會為用戶整合海量的資訊，找出重點及精選文章給用戶閱讀。像台灣「MZ+ 當期雜誌」的概念，便是把中、港、日、台等地超過270 本即期雜誌集合到一個平台，讀者只需支付一個較低的價錢便可訂閱全部雜誌，節省時間和金錢。而 MZ+ 的 App 亦會將雜誌重新排版，只顯示文字內容，令讀者閱讀時更舒適方便。當然，也有些人生活忙碌，連閱讀一本書或雜誌的時間都抽不出來，內地網上平台優酷節目「羅輯思維」每集會為讀者介紹一本書，當中有新書、亦有絕版

舊書，讀者看過節目後覺得喜歡才訂購，節目還會推出神秘書盒子，讀者購買後在打開盒子的一刻才知道「羅輯思維」為他選了甚麼書，建立節目與用戶之間的互信。節目在 2015 年 10 月估計值 13.2 億元人民幣，證明節目形式在市場上有一定發展潛力，讀者對節目形式亦受落。

這些網路企業集合推介和精選於一身，便是用戶的策展者。一間出色的網路企業，亦可以利用大數據（Big Data），變成個人化的策展者：有受歡迎的電影及音樂 App 會根據讀者平日的收看行為作分析和計算，向用戶推薦電影或歌曲，通常用戶滿意程度及選看度都會頗高。

顧客不是不再喜歡傳統出版業，而是習慣和喜歡有策展者為他們精選內容，被數碼化的互動平台「寵壞」了。傳統出版業要生存，未必要捨棄實體，反而是要做到數碼化和傳統並存。

因此，我們並不是要完全捨棄傳統行業，相反，他們有很多地方可以與數碼化互相配合，兩者不存有衝突，數碼化必須有實體所支持，傳統行業可依靠數碼化重新活化企業及品牌，相輔相成。

數碼行銷演進史

#2.2　數碼行銷路線圖：由 SEO 到 LinkedIn 及手機行銷

由傳統行銷演變到數碼行銷，進程就好像一個未曾吃過蛋糕的人，看著小麥變成麵粉，再變成蛋糕一樣，出乎意料。

從10年前興起的 SEO（Search Engine Optimization）到 SEM（Search Engine Marketing），再到 SMO（Social Media Optimization）以及手機行銷（Mobile Marketing），世界一直在轉變，所以行銷人員應該很忙。

許多人都知道 LinkedIn 是全球最大的專業人士社交網站，同時亦是跨國求職的重要利器，如果好好經營的話，時常會有許多世界各地的工作機會主動上門。不過如果你以為 LinkedIn 只是在尋找工作上有用，那便大錯特錯了。以前從來沒有人會說 LinkedIn 行銷，也沒有人會提及 LinkedIn 策略，但現在越來越多客戶問筆者：那間公司沒有 LinkedIn 文化？想想辦法如何使公司同事有 LinkedIn 文化，LinkedIn 有公司網頁，CEO 也有自己的 LinkedIn 帳戶。為甚麼他們會開始對 LinkedIn 行銷越來越重視呢？那是因為 LinkedIn 在全球200 多個國家擁有超過 3 億 5 千萬會員的網路社群，可以輕易為用家尋找跨國發展夥伴 / 客戶，以及為品牌與產品建立優質曝光的精準管道。可以說，LinkedIn 所提供的機會與 Facebook、Twitter 等網絡社交平台相比更為精準有效。

最後是手機行銷。手機（Mobile）這個字厲害了！這兩三年，手機變得越來越重要，丟了手機，比丟了銀包更令人緊張。亞洲在智慧型手機的變革中領先全球，根據 Google 官方「2016 年消費者洞察報

告」，截至2016年6月，全球手機普及率最高的10個國家／地區中，亞洲就佔了5個。在普及率的排行榜中，新加坡和韓國分別高居亞軍（88%）和季軍（83%）；使用率最高的亞洲國家／地區還包括香港（79%），位列第四位。2016年，美國皮尤研究中心（Pew Research Center）數據顯示，中國手機滲透率有58%，當中國市場大部分人都在用手機，你要做手機行銷只會越來越容易。

現在人們做甚麼都離不開手機。超過 70% 的亞洲消費者表示，他們使用手機上網搜尋資訊的頻率與電腦相似。當中泰國的用戶最常拿手機當做娛樂工具，他們會利用手機來玩遊戲、瀏覽社群網路和觀看視頻；而其他東南亞國家的消費者最常做的事情，則是使用手機來上社群媒體。

手機和手機行銷，這兩樣東西其實是合一的。如果沒有手機，很多關於內容（Content）的東西，例如內容創造（Content Creation）、內容分發（Content Distribution），甚至實時行銷（Real Time Marketing）、位置行銷（Location-based Marketing），全部都做不了，所以手機絕對是行銷市場炙手可熱的關鍵詞。

但當人人都知道 LinkedIn 行銷很重要、手機行銷很重要，怎樣可以做得更加好？

行銷通路的不斷創新與更迭是線上數碼（Online Digital）的主要特點，但這並不意味著舊的模式就不再有用，就像在今時今日我們不可能只做社交媒體，而忽略了較早期的 SEM 和 SEO，這是不可行的！此時，SEO 更加是所有行銷的基礎，不容忽視。

如果大家做了很多社交媒體，做了很多 SEM，很多人因而想買你的東西，但他們在互聯網上搜索工具上輸入你的網址，得出結果你的公司是排在第十位，這就糟糕了！客戶的購買意欲必然大受影響，所以說 SEO 是所有東西的基礎。

而另一方面，香港的數碼營銷也較國外落後。這就是為甚麼好幾年

前美國已經在說量度（Measurement），而那時香港才剛開始說印象（Impression）。所以香港的數碼營銷尚有很多可發展的空間及可能。

#2.3　顧客消費大轉變

當今典型的購物模是零類接觸行銷（Zero Moment of Truth，簡稱
ZMOT）及首次接觸行銷（First Moment of Truth，簡稱 FMOT）。

ZMOT 是 Google 在 2011 年提到的一個行銷概念，這個概念是由
FMOT 而來。在尚未有 ZMOT 的概念下，一般人的消費行為大多是
當他們受到消費刺激（Stimulus）之後，就會到店面選購商品，如
果這個商品是消費者還沒有使用過，而臨時決定購買的話，也就是
FMOT，即是第一次接觸商品後已經下了購買決定。

如果這個商品是消費者以前從未接觸過和使用過的話，而已經下了購
買的決定，那就是 ZMOT，即是完全沒有使用或接觸的經驗。ZMOT
的出現是全賴於網上購物風氣的盛行，亦是現代科技高速發展的產
物，深刻地影響著當今消費者的購物模式。

隨著數碼科技的發展，顧客的消費模式從線下轉到線上。對全球工時
最長的香港人來說，尤為如此。（調查發現，全球工時最長的城市是
香港，香港人每周平均工時超過 50 小時，相比起全球平均工時36.23
小時多出38%。）香港人每天花在工作上的時間已經很多，工作時間
之外都會選擇在家中休息，購物這些本應需要外出的活動也盡可能嘗
試在足不出戶的情況下完成。

有鑒於此，行銷的模式不斷變化，廣告也從傳統媒體轉移到線上戰
場。從瀏覽網站時出現的展示廣告（Display Ads），到觀看 YouTube
短片前跳出的 YouTube Ads，從 Facebook 不時出現的 Facebook
Ads，到 Apps 裡內置的 Mobile Ads，在線上到處都有廣告的身影。
可以說，線上廣告千變萬化，爭相以不同的方式吸引消費者。

#2.4 數碼傳媒對於顧客消費過程的影響

媒體對家戶進程的影響

		認知	考慮	偏好	轉換	滯留

影響程度 ● 強 ◖ 弱

搜尋	Google YAHOO!	◖	●	●	●	◖
顯示	Google YAHOO!	◖	◗	◗	●	●
電郵	✉	◗	◗	◗	◖	◗
社交	社交圖示	●	◔	◗	◔	◔
手機廣告	ADS	◔	◑	◗	◖	◖

現今的消費者,在購物過程中會受到哪些媒體的影響?上圖透過分類比較,呈現了顧客的心理。

我們不難發現,搜尋引擎及社交媒體所顯示的結果對顧客的購買考量至關重要,是5種媒體中影響力最大的一個。相反,電郵和電話廣告這些偏向傳統行銷的媒體對消費者的影響則比較有限。

因此,搜尋引擎行銷(Search Engine Marketing)及社交媒體行銷應運而生。有資料顯示,現今顧客大多是從社交媒體或搜尋引擎的廣告中首次獲得產品資訊,而他們在購買產品之前,都會上網搜尋有關產品的資料,而這個現象有每年增長的趨勢。

#2.5 零類接觸行銷（ZMOT）的介紹

互聯網完全改變了我們的消費決策方式。無論是要去超市購買一個月的雜貨，還是和朋友去看演唱會，或是與伴侶去度蜜月，你都會先網上搜尋一下。我們把在作出網上購物決定這一刻的行銷稱為零類接觸行銷（Zero Moment of Truth，簡稱 ZMOT）。

而傳統的購物方式只有三個步驟：刺激（Stimulus）、首次接觸行銷（First Moment of Truth，簡稱 FMOT）、二次接觸行銷（Second Moment of Truth，簡稱 SMOT）。

第一步，消費者受到了不同廣告的刺激（Stimulus）後，購買意欲受到激發。

第二步，消費者親自前往商店購買實物，是為首次接觸行銷。

第三步，面臨二次接觸行銷，即是用家自己對產品的體驗。

刺激　　　　　　　　首次接觸行銷　　　　　　　　二次接觸行銷

現在的購物方式在首次接觸行銷前面加上了零類接觸行銷。

現今的消費模式已轉變成在第一步受到刺激後，消費者會早在進入商店前便已獲得有關產品的資料，做好對產品的研究，不必只一味倚賴售貨員的推介，面對同一類別的商品不再有「選擇困難症」。ZMOT這個概念就是希望消費者可以從可靠的管道認識品牌的形象，提高消費者找到適合自己商品的機會。

刺激　→　零類接觸行銷　→　首次接觸行銷　→　二次接觸行銷

因此，在現今的消費模式裡，特別強調用家體驗的二次接觸行銷可以轉化為下一個消費者的零類接觸行銷，用家體驗變成消費者購物的指南。由於網上存在多元化的意見，意見領袖（Key Opinion Leader，簡稱 KOL）也隨之嶄露頭角。

那麼零類接觸行銷包括哪些方面呢？它其實可以稱為「Pre-shopping」，由搜尋引擎 Google 的行銷人員 Jim Lecinski 所提出，包括搜尋引擎，視頻網站（如 YouTube），社交網站的評價、討論、用家體驗分享，以及網址等等。

個案分享：顛覆傳統市場策略　ZMOT 讓你贏在起跑線

Ivan 下班回家，打開電視見到一個最新 iPhoneX 廣告，他想想手頭上的手機都已經是 6 年前的產品，開始萌生買新手機的念頭。他躺在沙發上拿起手邊的平板電腦，於 Google 上搜尋「iPhoneX 好唔好用」、「iPhoneX 開箱文」，看到電腦論壇上的用家評論、報告，見有不少正面的評價，決定星期六就去入手。

以上的例子是 Y 世代（Generation Y）的購物習慣，相對於傳統的消費模式，他們更喜歡於購物前先於互聯網上搜尋產品／服務的相關資料、評論，而這個搜尋的時刻，就是 ZMOT（Zero Moment Of Truth）。ZMOT 的存在，是要讓消費者於還未接觸到產品之前，已經透過網路上的各種形式去進行行銷，並傳遞正面訊息去刺激他們的消費意欲。或者你會問「哪 ZMOT 不就是傳統廣告的行銷方式嗎？」其實兩者最大的分別是，ZMOT 多數是消費者主動去接觸訊息，而當他們動身去消費前已經充分掌握了產品資訊，甚至已經決定購買了。

現今每人手上都有智能手機，各種各樣的資訊充斥網路之上，我們要得知某些特定的資訊必須要經過搜尋引擎的協助，單是 Google 每日已經處理超過 10 億次搜尋。搜尋結果多如天上繁星，對產品的評價有好有壞，而這些結果就正正影響到消費者的 ZMOT。如果想延續他們對產品的消費意欲，首先要做好的是 SEO（Search Engine Optimization），先讓你的產品能於搜尋器上展現於人前，再讓你的產品有更正面的搜尋結果，於眾競爭對手之中脫穎而出，讓你贏在起跑線。

總結

由於消費模式的轉變，使數碼行銷的地位越來越重要。大量的電商平台的出現，如淘寶、Amazon、京東等，令數碼行銷成為現今世代一個非常重要的媒介去推廣自己的產品，尤其是人們已經習慣了 ZMOT，毋須親身接觸到，便可以購物，因此，如果吸引到顧客去搜索自己的產品，那將是可以決定客人是否消費的重點，而下一章亦會分享相關的方式。

傳統的行業如何能在數碼化的大環境下繼續生存、突破，相信有不少人與筆者一樣曾經有思考過這個問題。正如筆者上文所說，傳統行業有很多地方應用數碼行銷，小至在社交網站推廣，大至研發手機應用程式等方式。而其中離不開的宗旨是不斷革新求變，若是傳統行業繼續原地踏步或是固步自封，那麼很快會被社會淘汰。很簡易一個例子，現在每個人消費購物都可以透過網上而做到足不出戶，而你的產品卻不能在網上找到或是被談論，即使產品多麼優秀亦難於接觸到消費者。因此，再優秀的產品如果沒有數碼行銷的配合，那也是徒然的；當然，反之亦然，再出色的數碼行銷沒有優秀的產品配合，亦是無補於事，兩者之互相配合才是真正未來的趨勢。

鄰佩行業工首坊

#3
CHAPTER

上一章提及到甚麼叫做數碼行銷，以及其演變過程，而本章節將重點講述如何運用數碼行銷，即是數碼行銷中，有甚麼工具可以用到。日常生活中都接觸到不少數碼行銷，大多是透過電視、電腦、手機等，而發放的方式都是透過廣告、社交平台、影片等等。科技發展迅速，人人都手機在手，然而，為甚麼有些用家可以利用這些工具賺錢，而有些卻只能看著別人賺錢呢。本章節將教導大家如何正確使用數碼行銷工具。

#3.1 綜合數碼行銷術（IDM）：五法歸中

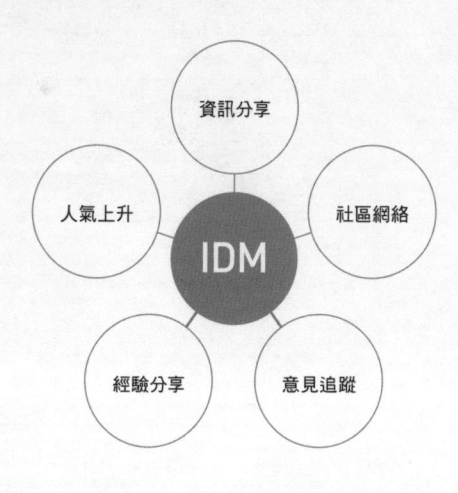

上圖簡單地把整合數碼行銷（Integrated Digital Marketing，簡稱 IDM）分為五大類：

一、資訊分享（Information Sharing）

指利用互聯網發放資料內容，滲透給大家，製造需要。例如將產品拍成短片分享上 YouTube，很容易提升認知度（Awareness），製造口碑。因為是人們主動點擊收看影片的，所以當他們看了短片介紹後，就會開始想購買相關介紹的產品。你發現大部分公司在 YouTube 做甚麼呢？上載與公司或其產品相關的活動片段，例如公司的產品發布會（Product Launching）、舉辦過的公關活動，甚至一些廣告的導演剪輯版，這個通常來說不是為了銷售目的，而是為了製造軟性認知

度（Soft Awareness），令更多受眾知道、接受公司品牌、產品。

二、社區網絡（Community Networking）

相比起第一點，運用 YouTube 向陌生人／公眾分享資訊，利用社區網絡 Facebook 去推廣的成效會更大，其成功靠兩個詞：投入感（Engagement）與質素（Quality）。

1. 投入感（Engagement）

例如有時候大家會在 Facebook 聊天，分享一些自己認為很棒的網站，這樣其實已經提升了認知度，建立口碑。或有時人們會在網上社交平台向朋友介紹某某產品很便宜啊，推薦大家試試，這就幫助影響了人們對該產品的態度，甚至令他們想去購買，這樣比透過 YouTube 分享的效果更佳。

Facebook 就是這樣，你會發現，有時你發帖文，裡面有很多內容，但卻無人幫你轉載。但如果有一群人與你關係超好，他們會投入地幫你將帖文傳發出去，這個就是 Facebook 行銷最大的特點。

看 YouTube 短片時你有多常看評論？就算會看，也甚少人會將全部評論都看上一遍。YouTube 評論所製造的品牌認知度有限，相對 Facebook 較全面，也是直接擴散（Diffuse）向消費者。而且在需求方面，Facebook 可以做到觸發需求的效果（Trigger Need）。

例如有些問題在你平常的交友圈接觸不到，但在 Facebook 詢問的時候，覆蓋率高了，因此每個人都可以給一些意見。這例子證明了它能幫助資訊的比較，甚至會有人幫你估值一些東西。例如哪個補習老師的教學比較出色，哪種奶粉味道比較好等等，大家會在 Facebook 上討論，投入度較高，比 YouTube 明顯高一個層次。無論由認知度到嘗試，還是由需求到評估，甚至銷售都有機會。

2. 質素（Quality）

Facebook 著重活動與宣傳，成功與否要視乎這個社區網絡的粘連性（Stickiness）與質素。Facebook 有一個好處，就是它擁有很高的質素和投入感。兩者權衡，更重要的還是質素。之前提過，網絡宣傳最要緊是多 Like、多 Impression，但其實質素遠遠比數量重要。假設你有 10 個高質素的人在 Facebook 替你宣傳品牌和產品，但他們的影響力夠大，受他們影響的大眾／接觸面廣，那麼你的品牌和產品就可以滲透到不同的地方；相反，就算你有 1,000 個人在 Facebook 替你宣傳品牌和產品，但如果他們的質素低，受他們影響的大眾不多，這樣也不及前面提到的 10 位高質素的人。因此，如果你想做 Facebook 行銷，必須看重甚麼樣的人與甚麼樣的質素。

曾經有個案例，一位做奢侈品牌的客人希望把產品推廣給有錢太太，我就告訴他有錢太太一般不會做博客（Blogger），在網絡日誌分享打扮、購物心得，但我認識一兩個肯做 Blogger 的人可以幫她們寫文章介紹他的奢侈品牌。他質疑這樣做沒有用處，只有一個、兩個Blogger 寫文章起不了甚麼作用。我跟他說：「你別管，這一兩個人雖然不是有錢太太，但她們認識很多有錢人的太太，只要她們寫的文章能引起有錢太太的購買意欲，有錢太太之間又會聊天，彼此分享購買體驗或炫耀，如此一來，就能帶來連鎖效應，吸引更多有錢太太。只有一兩個 Blogger 但高質素的話，已能帶你跨界到另一方。」

Facebook

三、意見追蹤 (Opinion Following)

意見追蹤的覆蓋面也很大。在眾多數碼行銷平台之中，Twitter 算是比較簡單，它走多網絡形態 (Multi-Network)，比如我追蹤 (follow) A，B 就會見到我追蹤 A，引起 B 的興趣去追蹤 A。當我們認為這個人好就追蹤下去，於是就會有更多的人看到，這就是多層網絡 (Multi-Layer)。

根據多層網絡原理，它不是一下子就直接跳到消費者面前，而會經過許多中間人。例如我很喜歡某一個帖文，而我是一個很具影響力的人 (Influencer)，只要我 Like 了該帖文，下面的人就可以看到。

Twitter 很強調用戶相信一些權威，像前美國總統奧巴馬競選時一樣，他的演講和理念令部分美國人相信他。當我相信 A 的話，就會影響我對他的態度和我的行動，所以 Twitter 其實很有趣，它著重的是 Enhance Action，可以是 Trial，影響你的看法，甚至增加銷售；而它的經歷是一層一層的，特別是有影響力的人，而這些有影響力的人通常是一些有權威性的人，特別是一些明星、學者，或者某些方面很有能力，導致別人會跟隨他。

同時，Twitter 也很著重幫用戶搜集資料和影響決策，Twitter 可以基於其用戶在網站上的活動蒐集數據，包括他們關注甚麼人、他們的位置、他們最常發表哪些話題等等，透過收集這些數據而更精準地向用戶投放廣告。所以當時奧馬巴選用 Twitter 來宣傳的原因很合理的。不是說 Facebook 不可以用，但相比之下 Twitter 比較能直接影響結果，即 Action，特別是投票。除此之外，Twitter 還適合用於發

Twitter

布產品意見、新聞／時事更新、名人和發言人發表公開意見等等類似微博的玩法，Twitter 就是比較適合用作影響受眾的行動。

四、經驗分享（Experience Sharing）

如第二點「社區網絡」提過的案例，寫博客（Blogging）就是一種經驗分享。經驗分享是短線銷售，一定要先建立認知度（Awareness），增加口碑，而且毋須明星，你和我都可以寫 Blog。最重要的是老實和真誠，不要讓人覺得你欺騙了他，是和大家分享一些東西，而不是強推品牌或產品。

五、SEO 和 SEM

如前文所說，SEM 能幫到行銷人員，那麼，如果我做關鍵字搜尋
（Keyword Search）做得不錯，就能幫助別人找資料，甚至 Evalua-
tion 和買東西。SEM 是為了買東西的，SEO 也是如此，也能幫助資
料搜索，當人們在搜尋引擎發現你的排位越高，就會覺得你的品牌和
產品越好，越覺得你行，帶來正面的影響。這是人類普遍的思考邏
輯，因為他們認為在 Keyword Search 最先出現的東西，必定有其
存在的價值，如果是無用的，那麼很早就會被擠到不知哪裡。例如在
Google 上搜索「如何煎牛排」，搜尋結果可能有上千個，不過用戶多
數會採用首幾頁的搜尋結果，一來是基於時間的考慮無法全數瀏覽，

二來是他們認為首幾頁的結果是最直接帶給他們想知道的東西，所以這些網頁才會被多數人瀏覽，而有資格存在於首頁。因此 SEM 和 SEO 有其生存價值。

然而，如果我只運用社交媒體宣傳，例如分別用 YouTube 分享文檔，用 Facebook 建立社區網絡，用 Twitter 跟蹤意見，用 Blogging 分享經驗，是否再加上 SEO 和 SEM 就算是綜合行銷了？

如果你讀過傳統市場學，就知道整合行銷溝通術（Integrated Marketing Communication，簡稱 IMC）是一個線下行銷術語。IMC 的定義是電視廣告、收音機廣告，全部的形象都要統一，你不可以在這

不同品牌形象

相同品牌形象

邊廂見到益力多的廣告:「益力多,你今天喝了嗎?」那邊廂播出的益力多廣告就是「益力多,你今天死了沒有?」不同平台、媒介播出的廣告、品牌形象不可以不一樣,一定要整合。

但當人人都在說 IMC 時,早在 7 年前我已經在說綜合數碼行銷術(Integrated Digital Marketing,簡稱 IDM)了,但當時香港根本還沒有人說這個詞,直至 2017 年終於有了,是在美國先開始說的。

筆者在當年已經預測 IDM,到現在仍很強調,不只線下行銷,你做線上行銷一樣要講究整合。

所以線上行銷的要求就是運用不同的工具,去推廣同一種產品或服務。有些是資訊分享,有些是建造社區網絡,有的幫你傳達資訊,有的是分享一些東西提升知名度,但無論運用任何工具,你必須能綜合全部,五法歸中。這個就是我們 IDM 最重要的地方,也是行銷人員不可疏忽的重點。

#3.2　流動裝置網頁知多少

很多公司每年花在數碼媒體的廣告費用正在逐年上升，怎樣才可以讓你的錢「用得其所」呢？以下將為你介紹針對流動裝置網頁的「四大黃金法則」。

第一黃金法則：打造「吸睛度高」的網站

如今，消費者多在移動設備上，通過互聯網獲取商品資訊，商家的網站設計和結構是體現品牌形象的第一站。因此，我們需要建立「吸睛度高」的網站，讓用家「眼前一亮」。那麼何謂「吸睛度高」呢？那非常取決於你的網站屬於甚麼類型，若果你的網站是關於銷售化妝品的話，首頁放有幾張美女代言人的照片，會比單純列出有化妝品來得更為吸引。受眾可以欣賞美女之餘，亦能看看化妝品帶來的效果，一舉兩得。如果需要分析不同的網頁內容，Chrome 開發者工具（Chrome Developer tool）也是你的好幫手。

第二黃金法則：網頁速度快

網頁速度也是影響消費者使用體驗的關鍵問題。不管你網站的內容有多麼精彩，但如果消費者需要用上 5 至 10 分鐘才能成功載入一個頁面的話，相信消費者會寧願選擇其他可以快速載入的網頁。因為在網上世界，有太多的選擇了，當你的不行，我就去看別人的。在現今科技發達的環境裡，載入一個頁面的最佳時間一般不多於 7秒。我們可以通過諸如 Google Analytics 的搜尋引擎替你完成網速測試。

第三黃金法則：瀏覽度高

提高網頁瀏覽量是提升產品銷售量的重要環節，也能提升品牌知名度、影響力。而在網站設計方面，需要注意以下三點：

1. 邏輯設計（Logical Design）
即是網站的內容設計是合乎邏輯的，不是一口氣把所有資料都放到網站上，而是要根據瀏覽者的思路及邏輯，整理出合適的內容。

2. 展開或折疊菜單（Expand & Collapse Menu）
將同類型及相關資料以展開或折疊菜單形式表達，使網站設計簡潔。

3. 單層菜單（Single Tiered Menu）
將所有分類列出，瀏覽者可以一目了然在短時間內瀏覽相關資料。

第四黃金法則：網頁可以輕易轉換到不同的設備

目前，移動設備種類眾多，從諸如 Apple TV 一類的大螢幕到手機螢幕，受到行動裝置的螢幕大小的限制，設計網頁時開發人員需要自行編排不同移動裝置的內容。

做好自己的網站是移動廣告的第一步，而當消費者數量眾多，且各有不同，作為廣告商，你希望確保你的廣告可以瞄準目標消費者，「一擊即中」贏得客戶的歡心。進行不同的行銷之前，記得先釐清你的目標消費者是誰，利用 5 個「W」（即 Who、What、When、Where 和 Why）去找出你的觀眾群。

01. Who：誰是你的顧客？
02. What：他們在找尋甚麼？或想達成甚麼？
03. When：他們何時會在線？
04. Where：他們會在哪裡出現（包括線上、線下）？
05. Why：你憑甚麼是他們的最佳選擇？

語言

地點

網絡

預算

廣告日程安排

找出特定的消費群後，就要開始透過不同的廣告管道去接觸這批人，例如應用程式安裝廣告（App Install Ads）、行動搜索廣告 Mobile Search Ads、行動展示廣告（Mobile Display Ads）等等。他們在其他網頁瀏覽時，就會看到你們的廣告，進而刺激消費行為。

找到你的目標消費群之後，下一步就是鎖定你的目標消費群。

你可以設定移動競價調整（Mobile Bids Adjustment），決定你要向更多或是更少的客戶展示廣告。調整移動廣告在各個廣告系列中的比重，有助廣告發揮最大成效，並減少浪費。轉換資料則可以幫助您評估哪個管道能帶來較高價值。

客戶亦可以透過廣告額外資訊（Ad Extensions）更輕而易舉地在廣告中找到有用的資訊。以下有四個最常見的廣告額外資訊：

1. 電話額外資訊（Call Extensions）

利用電話額外資訊功能在廣告中加入電話號碼，可顯著提升點擊率。電話額外資訊顯示時，客戶可以輕按或點擊按鈕，直接致電商家。這有助吸引更多客戶與廣告互動，並讓你有更多機會爭取和追蹤轉換。

2. 位置額外資訊（Location Extensions）

位置額外資訊可在廣告中顯示地址、商家位置地圖或用戶與商家的距離，有助用戶尋找商家的位置。客戶只需點擊或輕按額外資訊，即可連到商家的位置網頁，集中一處查看最相關的商家資訊，進一步了解商家位置的詳情。位置額外資訊還可加入電話號碼或致電按鈕，方便用戶致電商家。

3. 網站連結額外資訊（Sitelink Extensions）

如要在廣告中加入更多連結，您可建立網站連結額外資訊。網站連結可將客戶連到網站的特定網頁，以展示店舖營業時間或特定產品等內容。當客戶點擊或輕按連結時，就可直接連到相應網頁，查看所需資料或購買所需產品。

4. 應用程式額外資訊（App Extensions）

運用應用程式額外資訊可以讓客戶經由文字廣告，連到流動或平板電腦應用程式。客戶可點擊廣告標題進入網站，或是點擊連結前往應用程式。應用程式額外資訊方便用戶透過單一廣告連到網站和應用程式。

#3.3 數碼平台全接觸

筆者回想 1998 年的時候,有一天打颱風,沒事做只好躲在家裡,開著 Yahoo! 遊戲打麻將。但玩這個遊戲一定要有 4 個人,所以要湊齊人才能夠開始。在打麻將的時候,大家會互相交流一下近況。看著外面在刮大風,筆者在室內暖呼呼的跟朋友打麻將和聊天,那時候覺得這簡直是網上最偉大的東西。而這個社交遊戲,事實上就是最早期的社交媒體。

社交媒體平台(Social Media Platform)越來越數碼化,早期的平台有 Facebook、Twitter,以及一些微博(microblogs)。近年 Foursquare 冒起,你去旅遊時可以在不同的地方「打卡」。但這個平台在香港普及性較低,很難生存。還有 Pinterest,一個 Focus Social Media,集中做與相片有關的東西。無論是藝術家,還是廚師,都喜歡把相片上傳至 Pinterest。

數碼平台 4 大類

數碼平台的覆蓋率很廣,一般而言可以分成 4 大種類。

第一種:傳統社交媒體

早期比較基本的社交媒體工具,例如電郵,是可以用來社交的,可以約吃飯、罵同事,連惡搞別人也可以,具備了社交媒體的基本條件,不過未夠即時性。有見及此,一些傳統的即時通訊工具 IM(Instant Messenger)亦相繼面世。相信有些讀者一定有用過 IM、Newsgroups、Chatrooms,或 ICQ 這些傳統的即時通訊工具。

現時普及的 Facebook 算是一種社交網絡媒體，是入門級的大眾社交平台（Generalist Social Media）。在數碼技術的不斷發展推動下，社交媒體也在不斷創新。

個案分享：互動新思維—— Facebook 直播

不只一個品牌會選擇透過社交平台上宣傳，要做到在芸芸品牌中突圍而出，靠的除了是品牌文案吸引、圖片美觀，更重要的是向你的目標受眾（Target audience）說話。這裡說的並不是「品牌想說的話」，而是「目標受眾」想聽的話。現今的「網民」追求真實感、「貼地」，而抗拒千篇一律的推銷文章。品牌就要考慮如何借助社交媒體的功能，與目標受眾來一趟貼地的溝通。其中，筆者認為 Facebook 在 2017 年推出的直播功能頗為不錯。

提起直播（Live），相信讀者們都會想到直播遊戲或 2017 年初風靡一時的「17」程式。比起上述兩種方式，Facebook 擁有龐大的網絡人口受眾，互動率高，直播功能來得更直接有效。

Facebook 直播無疑能拉近品牌與消費者的距離，令品牌更貼地及人性化。雖然有了新形式的幫助，但品牌亦不可拘泥於老派做法，如單純直播記者招待會，實為搬字過紙，未能用盡直播的優勢。

要突破傳統思維，就要善用直播的即時性及互動性。如歌手張敬軒以「降兩度」之名在 Facebook 直播小型演唱會就是好例子。他先在

Facebook 揚言某月某日會直播，直播當天帶同樂隊演唱，規模不亞於普通小型演唱會，並根據 Fans 的留言即場回覆，令整件事的互動性大大提高。

另外，淘大亦曾以直播形式輔助線下活動的舉行。一般品牌對線下公關活動的做法都是派攝影師到現場拍照，翌日在 Facebook 張貼活動花絮。這樣的話，又有多少網民會感興趣？相反，直播整個活動，輔以即時的有獎問答活動，就能在短短兩小時內賺取 8 萬瀏覽量及超過 1 千人參與。由此可以看出，線下活動與 Facebook 直播緊密配合下，既能獲取網民對活動的關注，亦能於社交平台獲取不少互動，相得益彰。一加一，品牌效應絕對大於二。

隨著不同社交平台冒起、各種功能推陳出新，社交媒體在品牌推廣策略上應當佔一席位。各位品牌經營者，不妨多加心力將更多創意及資源投放於社交媒體上。

第二種：檔案分享（File Sharing）
Google Drive、iCloud、Dropbox 也是屬於社交媒體的一種，這種社交媒體的載體是檔案分享。現代人幾乎每人都有 **driver box**，所以是一種相當普遍且廣泛使用的社交媒體。例如大家每日都要上去打個轉的 **YouTube**，實質上也屬於檔案分享這類型。

個案分享：Instagram 是大趨勢？

隨著流動裝置的普及，單是亞太地區就擁有超過 10 億智能手機用戶，帶動社交媒體如 Facebook、YouTube、Twitter、微博、WeChat 等高速發展，這些平台的成長亦為品牌和消費者的互動提供了更多機會。

2017 年國際市場調查機構 Kantar TNS 的 Connected Life 研究發現，Instagram 在香港滲透率達 70%，Snapchat 亦有 46%，對比 2015 年有明顯增幅。從數據可見，香港人對新事物的接受程度高，兩款主打以手機直接分享生活照片、影片的社交平台越來越受歡迎，也反映港人追求富美感而真實的視覺化表達方式。

新平台的興起為品牌提供更多機遇，然而社交媒體的玩法多端，各自的目標受眾（Target audience）亦不同，所以沒有一本「睇到老」的通書，用戶人數增長未必代表有龐大的客戶群。假如品牌沒有了解每個平台的特性及發展趨勢，就盲目推出廣告，可能會弄巧反拙、浪費金錢。

以 Instagram 為例，Instagram 是個分享高質感照片的分享平台，香港地區用戶以年輕、擁有高購買力和學歷的在職女性為主。Connected Life 調查就提及有 23% 用戶會主動忽略品牌的貼文或內容，33% 用戶在意被網路廣告的訊息追蹤或打擾，更有近半數 16 至 24 歲的香港 Instagram 用戶傾向於信任朋輩或不認識的用戶分享，多於品牌的廣告硬銷，所以品牌應該考慮如何針對 Instagram 的特性，從而提升用戶的接受程度與互動體驗。

在這一方面，筆者覺得可口可樂香港的 Instagram 做得不錯，他們能因應 Instagram 的風格及用戶對千篇一律的產品推銷圖的抗拒，從圖片的色調、構圖、濾鏡等方面入手，結合文案，製作出吸睛、真實而人性化的貼文，營造出一個活力繽紛、吸引人追蹤的品牌形象。

面對不斷推陳出新的社交媒體，Instagram、Snapchat 的興起不代表可以取代其他既有的平台，正是由於不同社交媒體有著不同的特性，新興的社交媒體反而增加了管道，讓品牌更多樣化去宣傳。因此，品牌宜有策略地因應產品特點及對象去選定最合適的社交平台，為品牌賦予個性，提升品牌形象，與客戶 / 潛在客戶建立長遠而忠誠的互動關係。

第三種：維基百科

維基百科是一種以資訊為載體的社交媒體，大家都可以通過這個平台進行知識共用與討論。

第四種：虛擬世界（Virtual World）

最後的一種其實是產品及服務評論區。比如可上網評論那些樓房仲介服務好不好，意義上都是屬於社交媒體的溝通方式。現代人因為有了流動裝置，隨時隨地都可以看到不同的資訊，以及很容易參與評論及回饋。

綜合來說，社交媒體覆蓋範圍很寬很廣，社交網絡也只是它下面的一個分類。

社交媒體有很多不同工具，因此可將整個網絡世界融為一體。社交媒體也是一個接觸目標群組的有效途徑，用家會在社交平台上自由分享真實想法和經驗。

上述兩點已足夠支援使用社交媒體進行行銷的重要性。更何況年輕的一群使用社交媒體的頻率更高，而高頻繁用家正是網上購物的潛在人群。

社交網絡——梅特卡夫定律（Metcalfe's law）

梅特卡夫定律（Metcalfe's law）是一個關於網路的價值和網路技術的發展的定律，是指一個網路的價值等於該網路內的節點數的平方，而且該網路的價值與聯網的用戶數的平方成正比。該定律指出，一個網路的用戶數目越多，那麼整個網路和該網路內的每台電腦的價值也就越大。

1 種對話　　　　3 種對話　　　　6 種對話

10 種對話　　　　15 種對話

那為甚麼我們覺得社交網絡很有趣呢？看上頁圖的結構就會明白了。

社交網絡給予人「很醒目」的感覺。當兩個人的時候，只有一個對話（Conversation）；當有 3 個人的時候，就有 3 個對話；而當有 4 個人的時候，就有可能出現 6 個對話，如此類推。

大家有沒有發現，在社交網絡上每加入 1 個人，可以造成的對話及互動都會不斷遞增。

發現一：人數增加　互動幾何倍數增加

有時行銷人員會發現，有些社交網絡分明是跟你開玩笑，例如拍賣網站 Myspace 可能只有 3 億使用者，而 Facebook 卻有 10 億。但這絕對不是 10 億對 3 億的比較，就如上圖的結構一樣，10 億和 3 億造成的對話和互動會相差很遠。

為甚麼 Facebook 可以生存，而 Myspace 卻生存不了，就是這個原因。因為使用者和 value 不是相對的，而是指數（exponential）的分別。等於你見到 Instagram 有 3 億用戶，但當它增多 1 億時，就不是 4 億對 3 億，或 5 億對 3 億的分別，而是天淵之別！

因此，利用社交媒體宣傳需要強調的，是擁有有多少人 / 用戶在裡面。不難發現，很多社交媒體平台就算不賺錢，營運企業都要留住很多人在裡面，因為每多 1 個人，帶來的互動是呈幾何倍數增長，所以估值都會大不同，這就是社交網絡運用的基本概念。

社交網絡有一個特點，就是閉環式結構（Close Loop）。

現時幾乎人人都有 Facebook 帳戶，日常會和朋友溝通，群組裡自然聚攏了同類型的朋友——最簡單就是朋友、同事、生意拍檔、同學、校友或家人。那你可不可以在自己的群組裡接觸（Reach）到明星呢？不可以。

TVB 有一堆明星，他們自己會發展出一個相通的社交網絡，這個網絡聽起來很不錯，但跟你的個人網絡卻沒有關聯。

假設我認識成千上萬人，網絡發展健康，但有一天若果我想在 Facebook 出帖文推廣一些東西，也只有這個網絡內的人看到。如果我想推廣得更寬呢？去不了的，因為限制在裡面。

傳統的 Social Networks 的問題在於難以超越自己圈子。也就是說，當我在傳統的群組裡，就算我的東西做得多厲害，那群人多有凝聚力，看來看去都是有關聯的人。如果我脫離不了這群人，便決定我去不到更加寬的範疇。

發現三：如何找到重要的人？
做社交網絡最大的一個關卡，或者突破位就是，你究竟有沒有方法找到一些很重要的人。

有些人能夠跨越兩邊的網絡，這是神技巧。一般人玩社交媒體，很喜歡看別人 Like 自己的帖文，其實這是沒意思的。但如果你可以找到

8 至 10 個人，把你的東西轉載到他那邊，又假設這 8 至 10 個人是能跨界到不同領域的、很重要的群組，你的視野和接觸面頓時會增大很多倍。

如果你問我會做一個大型的社交推廣運動（Social Campaign），我會選哪些目標用戶（Target User）？我的做法是選不同的群組，但這些群組不是我獨立去找的，而是找到 KOL（Key Opinion Leader，即意見領袖），他自然有能力轉載入他那邊的網絡。

通常我們做社交媒體行銷，最有趣是可以透過一個人，聯繫到一群人，但無論這個聯繫面有多寬，通常去到一定程度，就沒有辦法再擴展下去了。突破位就是要找到承受能力（Affordability）。

不過還是要說，中國社交媒體網站生態和香港很不一樣。在內地排第 20 位，使用分享帖子的 Facebook 的用戶比例是 0.3%，很少人按分享（Share），互動評論的更少，只有 0.03%！反觀第一位是誰？正是新浪微博也。

● Affordability 定義

例如我發現有一個人是很重要，他有能力跨越 A、B、C、D 的邊界。你只要找到他，他就有能力把你的東西滲透到不同的網絡裡去。

如果你在 A、B、C、D 的網絡裡，再找到另一個 Afford-ability，再帶你跨越 E、F、G、H 網絡，你就有可能在短時間完成病毒式傳播。但這正是社交媒體最難做到的地方。

而 Affordability 可以是個名人。你想想，如果這個人有很高知名度，其實他不需要講甚麼給別人聽，別人自然會跟隨（Follow）他，主動看他說甚麼，這就很不一樣了。你推廣資訊是需要花費時間的，但如果有個名人，例如 Angelababy，扭傷了腳，或出了點小事，你也會好奇地去追尋她發生甚麼事；又例如她上廁所碰巧沒有廁紙，你可能也會拿給她。一位名人無論做甚麼都很容易得到大眾的關注，換言之，名人就是幫助你跨界到不同群組的捷徑。

4 個讓你成為社交媒體寵兒的小貼士

今時今日，社交媒體的種類五花八門，不同品牌都開始發展這一個板塊。有的品牌甚至會發展一個或以上不同種類的社交媒體平台，身為行銷人員，我們未必可以熟知每一個平台的特性，今天就為大家帶來四個小貼士，適用於不同的平台。雖然未必令你的品牌做得有聲有色，但至少也可以讓你成為社交媒體的寵兒！

1. 別過分吹捧

雖然每個品牌都想借社交平台去推銷自己的產品、服務，但切忌太過自說自話，過分吹捧。想經營得好，多嘗試推廣品牌的精神及概念，而非產品本身，讓大家了解你的哲學。就算是推廣也適宜用軟性角度，太多的硬性推銷只會令粉絲感到煩厭。另外，宜多與粉絲互動，例如發布一些小遊戲或是心理測試等，增加粉絲的忠誠度。例如繽紛樂及 Nescafe 等，會回覆每個粉絲留言，而且於回覆中再標籤（Tag）回粉絲，讓他們感受到品牌對每一名支持者的尊重。

2. 切忌盲目跟風

前文跟大家介紹過實時營銷（Real Time Marketing），即大家常說的「抽水」。很多行銷人員都想跟隨每個「抽水」的浪潮，但其實大家應先衡量是否適合自己品牌的

形象，如果盲目「抽水」只會讓粉絲覺得你江郎才盡。像某成藥品牌抽「腳痛」水，最後突然刪帖，之後被網民群起攻之，早前建立的形象一下子蕩然無存。

3. 認清你的目標客戶

每個品牌都有特定的目標客戶，先認清自己潛在客戶的口味，再去定下自己品牌發帖的角度及行文風格，盡量為粉絲提供他們有興趣的資訊。例如嘉士伯 Facebook 專頁走的是年輕人路線，他們發的帖子大多以「抽水」為主，或加入時下流行的潮語去增強粉絲的共鳴，亦是不錯的做法。

4. 盡量不要沉默

不要忽視粉絲的留言或查詢，可能的話盡快回應，適時道歉再繼續前進。千萬不要刪除一個合理的投訴，就算面對難以應付的問題，也不要保持沉默，要盡量回應，讓粉絲知你在正視他們提出的問題。大家甚至可以藉著客人的提問，去為他們提供更多產品資料，讓粉絲可以對品牌了解更多。

#3.4　Blog —— 小眾社交網絡

社交媒體都是用很傳統的兩種方法,就是大眾(Generalist)社交網絡,和 Niche(小眾)社交網絡。

Generalist 大家應該知道,例如 Facebook。

Blog 又如何呢?現在還有哪位有寫 Blog?這是否證明 Blog 已經衰落呢?你們不寫 Blog,但會不會看別人的 Blog?當然會,Blog 還有市場價值。

Blog 大致可以分成 5 種

第一種:個人網誌(Personal Blogs)
個人網誌一般就像是日記一樣,沒有太多的商業意味,單純抒發一下個人的觀感。內容可以很隨意,例如每一天有沒有約會,有沒有去哪兒玩,甚至是日常生活的瑣事。

第二種:媒體網誌(Media Blogs)
你會發現很多記者、傳媒人都有自己的媒體網誌,好處是甚麼呢?因為做媒體的人經常會寫東西,基本上每天把自己看到的東西上載上去。而個人網誌與媒體網誌都是偏向比較個人化的。但是與個人網誌不同的地方,是媒體網誌較為公開,而所上載的文章一般都是較有話題性的,不像個人網誌那般閒話家常。不過,個人網誌和媒體網誌都較難應用於商業運作上。

第三種：商業網誌（Business Blogs）

很多機構都有商業網誌，這更像是一種直接的市場營銷手法。機構經常會在商業網誌上更新機構的最新動態或相關的資訊，使讀者可以獲得機構的最新消息，從而達到宣傳的目的，所以商業意味及公開性都比上述兩者濃厚很多。

相信不用筆者多作解釋，大家都知道 Twitter，連新任美國總統特朗普都超級愛用，在上面發炮宣布了許多新政和他看不順眼的人。Twitter 可以簡短化，也可以追蹤不同的人，是屬於微博（Microblogs）的一種。微博，顧名思義是指任意一個或所有的微網誌服務。但有一點要留意，中國近年很流行的社交平台「微博」（Weibo），與上面講的微博（Microblogs）是不同的，前者是一個傳播性很強的社交平台，包含了很多功能，有錄像、相片、名人等，包羅萬象。因此，儘管名叫「微博」（Weibo），但其實它不是微博（Microblogs）。

第四種：收費網誌（Paid Blogs）

顧名思義，收錢寫字。假如我是食家，開一個 Blog，說自己是中立的，但背後收錢，寫你的東西很好吃，這就是 Paid Blogs。但「寫手」不但可以幫你寫，也可以幫不同的人寫，如果寫手被人發現是收錢寫東西，連帶你的信譽也會受影響。

所以你問甚麼東西可以運用在商業上，收費 Blogs 就是公司常用的，會給錢 Bloggers 寫自己的東西。因此，你有時候會看見有 Bloggers 說某些手機品牌很好，其實事實上並不好，因為那些 Bloggers 只是收錢寫字而已。

第五種：假網誌（Flogs）

Flogs，即是「Fake Blogs」兩字的合體。但 Flogs 是甚麼來的呢？看過許多研究報告說，有些 Blog 很有趣，是某些公司在背後給錢經營，但看上去就像個人書寫；經過長年累月，開始表露其義務責任，讚這個、罵那個，非常有立場。其實一切都是早有動機，只是扮作不知名的 Blog，寫東寫西，寫寫生活方式，寫了一段時間後，就撕破中性的「外衣」，擺明讚某些樓盤很棒，和地產商口吻一樣，真人真事。

又如建立一個食評 Blog，做到很出名，拍得住 OpenRice，但背後不知道是誰在付錢，總之由一個很會做生意的人士秘密經營，做出信譽後，它就會開始逐步露出真面目。例如寫美心很好、大家樂很差，又或者大家樂好、美心差，但你卻無可奈何，因為它的確是具有這個能力，更可能是由被讚企業付錢的，這個我們就叫 Flogs。

Flogs 的特點是甚麼？

1. 就是裝作中性，用 1、2 年時間建立信譽，使人相信，初期信譽比收費 Blogs 好。
2. 很秘密，查不到背後誰給錢。
3. 需要很多資源去經營，但一旦成功，影響力巨大，因為它本身已經很有 Affordability。
4. 比較少人用，因為需要很多資源去營造網誌的影響力，與每個人都可以經營的商業網誌不同。

沒眼淚模型

我們選擇一個 Blog 去做行銷，可以信任沒眼淚模型（No-tears Model）。這是一套規則帶領行銷人員找到最合適的博客，只要用了它，行銷人員就沒有眼淚，因為它大大提升了用 Blog 行銷的有效性。它可以助你找到適合的博客（Bloggers，台譯部落客），它提供了 8 個考慮因素：

01. 博客與觀眾的切合度
02. 博客與品牌的切合度
03. 博客的可信度
04. 網誌的吸引力
05. 成本考量
06. 該網誌作家的合作程度
07. 飽和因素
08. 麻煩因素

我的經驗是：產品有限，包裝其次。所以我們如何衡量和 **Blogger** 合作的價值？這主要看這個 **Blogger** 的內容如何，以及他多不多麻煩（**Trouble**）。所謂麻煩，就是一些緋聞，或不利於他的東西。

你看完之後就發現，假設要宣傳一間日本餐廳，根本不應該找成龍，因為客戶不太可能把他與一家日本餐廳聯繫起來，反為找蔡瀾就可以。我們可以根據上述的 8 個考慮因素，分析出蔡瀾是否一個合適的 **Blogger** 去宣傳一間日本餐廳：

01. 博客與觀眾的切合度：蔡瀾和愛吃日本菜的人會吻合嗎？會。因為蔡瀾出名愛吃東西，更愛吃好東西。

02. 博客與品牌的切合度：那蔡瀾和一間高檔日本餐廳會吻合嗎？也可以。因為蔡瀾給人的印象就是一個會享受，愛到處找尋好餐廳吃東西的人。

03. 博客可信度：蔡瀾可信嗎？我經常想找他的緋聞，但都找不到，也沒聽說過他有說謊的新聞，所以看起來是可信的。

04. 網誌的吸引力：接著蔡瀾是否吸引？雖然他樣子不是十分出眾，但他有學問，學問可以吸引人，但形象不能。

05. 成本考量：蔡瀾收費貴不貴？他收得不便宜，尤其是他帶的旅行團都很貴，大家有沒有試過他帶的九州豪華團，5 日 4 夜，超級豪華。

06. 該網誌作家的合作程度：與蔡瀾合作過的人或廠家，也沒有投訴過他有甚麼問題或不合作。

07. 飽和因素：其實蔡瀾評論過很多餐廳，對受眾來說名人效應已經接近飽和。

08. 麻煩因素：最後是蔡瀾有沒有麻煩？沒有，因為不是很多人有

興趣找他麻煩。

綜合來看，雖然蔡瀾並非完美，但他確實是一個合適的 Blogger。有時你可以多做研究，不一定要找明星，不是貴就可以，而是要衡量這 8 點。

非明星的 Blogger，一般都不貴。我有個朋友做動漫演唱會，他做得很聰明，近年我認識的公關朋友，不再用那麼多線下宣傳，改用線上。很有趣，你找他們做一個公關活動，付他 20 萬元，他就可以幫你辦好，並滿足你所需的 Launch、Impression、Public Emotion 及 Media 數量。

#3.5 移動裝置的宣傳行銷

移動廣告（Mobile Advertising）作為新的數碼廣告生態的一部分，當然就是這一節的重頭戲。我們正活在一個「多螢幕世界」（The Multi-Screen World），而且超過九成的媒體互動都是用有螢幕的裝置為主。

移動裝置對消費者而言，是個人的購物助手。這個幫手可以替你找到商店的所在地，也可以讓你研究產品，閱讀其他用家的用後評語，完成購物的行為。所以，當商家在移動裝置上放置廣告，而消費者湊巧之下決定購買產品的時候，廣告可以適時影響消費者的決定。因此，這一節的重點就是移動裝置的宣傳行銷。

藉助移動軟件（Mobile Engagement）

審視你現有的移動體驗（Mobile Engagement）策略，例如 Store Locators、Mobile-optimized Sites，以及手機應用程式（Mobile Apps）。

Google 於 2013 年的調查顯示，超過六成的消費者青睞在經過改良的移動裝置網頁上購物。如果遇到不良的網頁體驗，四成顧客更會轉去競爭者的網頁繼續瀏覽。因此，隨著更多數量的顧客選擇在手機上直接購物，改良的手機網頁對於手機用戶而言是非常重要的。所以，網頁開發人員必須保持網頁的可用性、速度、內容，以及改良的轉換過程（Streamlined Conversion Process）。

1.Mobile Apps

你們也可以嘗試利用基於地點的選擇（Location-based Options）提高商店的人流，例如 Location Extensions 和 Google Maps for Mobile。

此外，設計品牌自己的應用程式也可以豐富用家體驗，增進品牌與顧客的關係。以下的 4 點可供參考。

A. 提供娛樂和實用於一身的應用程式。

B. 應用程式要在大型的手機平台發布，例如 Android 和 iOS。

C. 獨特性：不要只是把網頁放在應用程式裡。

D. 產品生命週期價值（LTV）：衡量產品生命周期價值，充分理解客戶特性及需求。

2. 移動裝置策略（AdWords Mobile Strategy）和廣告活動發展（Campaign Development）

Anna 是一間速食店的老闆，她想利用網上廣告宣傳自己的餐廳，增加餐廳在網上的曝光率。若她要開始這個網上宣傳策略，可以使用關鍵字策劃工具（Adwords Keyword Planner）搜索關鍵詞（Keyword Research），決定它的移動搜索量（Mobile Search Volume），以及得到預計的移動投標金額（Estimated Mobile Bids）。

透過「關鍵字策劃工具」（Adwords Keyword Planner），Anna 可以研究一下與餐廳有關的關鍵字（例如速食、食物等），更能取得過往統計資料及流量預測。透過這些統計資料，Anna 亦可以決定她的廣告宣傳應包括那些關鍵字，並取得預計點擊次數（Predicted Clicks）

及轉換次數（Estimated Conversions）等預測資料。

廣告額外資訊（Ad Extensions）

1. 電話額外資訊（Calls Extensions）

如果你在移動廣告中加入電話號碼，可以方便用戶隨時隨地致電給你。如果你只希望收到從移動裝置的客戶來電，可以把電話額外資訊設定為只限移動裝置（Mobile Preferred）。

2. 位置額外資訊（Location Extensions）

位置額外資訊可以吸引客戶到訪，同時也讓他們可以更方便地找到你的店舖，提高點擊率。

3. 網站連結額外資訊（Sitelink Extensions）

網站連結廣告額外資訊會在廣告文字下顯示網站內特定網頁的連結。客戶只需按一下，便可直接前往所需的網站內容。

4. 應用程式額外資訊（Apps Extensions）

應用程式額外資訊將廣告與移動裝置的應用程式商店連結在一起，按下連結後就可以在商店（Google Play 或 Apple App Store）下載應用程式。

5. 讓圖像去推銷

Insatgram 這個名字相信大家不會陌生，這個社交媒體由 2010 年推出後便火速得到普及，尤其於年輕人的社群當中，他們每天花在 Instagram 的時間甚至比 Facebook 更多。Instagram 創出了兩大網絡文化，分別是 1：1 的正方形格式照片及 Hashtag。所以如果品牌的目標消費者主要為年輕人的話，Instagram 是一個不錯的社交平台去作行銷之用。

先講講前者，Instagram 是一個相片為主、文字為輔的社交媒體，所有上傳的相片均為 1：1 的正方形格式。而它設有 10 多種不同的藝術濾鏡，以及不同的修圖工具，讓你的圖片可以變得更為吸引。而 Hashtag 即話題標記，是指一個「#」號加上一個詞、單字，或沒有空格的一句話。Hashtag 雖然不是 Instagram 發明，但卻是由它發揚光大。

只要了解以上兩點，我們就可以令 Instagram 的行銷事倍功半。首先大家要明白，不是每一個品牌都適合以 Instagram 作行銷。由於 Instagram 以相片為先，如果品牌的商品為服務並不輕易拍攝出優質相片的話，那麼於 Instagram 上發帖就變得很有難度。Instagram 適合一些消費品品牌及服務，因為精美的圖片可以輕易讓消費者記住你的產品，刺激消費者意欲。而 Hashtag 是一個讓你的帖子可以走得更遠的手段，我們可以透過一個 Hashtag 去探索更多加入了相同 Hashtag 的相片，所以如果可以於帖子中加入一些人們常用的 Hashtag，就可以令帖子接觸到更多的消費者。

最後，由於 Facebook 於 2012 年正式收購了 Instagram，令它的發展方向也越來越貼近 Facebook。例如推出認證官方帳戶及廣告等等，讓市場策劃人員可以更有效地引用 Instagram 作行銷之用。

移動裝置著陸頁（Mobile Landing Pages）的重要性

1 為用戶定義你的價值主張

2 選擇正確的科技

3 創造一個良好的用戶體驗

4 衡量你的成功

現今，人們不會被一個螢幕所限制，多數人都會用多於一個螢幕去工作和生活，而且會轉換不同的移動裝置。可以說，我們身處一個多元平台消費者（Multi-Platform Consumer）年代。

如果你希望帶給客戶有更好的著陸頁體驗（Landing Page Experience），首先你要界定好用家的價值取向，提供相關而且實用的資料。其次，你需要認真組織和設計自己的網頁，讓用家在不同的移動裝置之上都可方便地瀏覽網頁。最後，你需要評估你的著陸頁的成效。提供一個好的用家體驗，才可以吸引顧客再次回到網站。

多元設備生活（Multi-Device Life）

每個人都「機不離手」是香港地鐵常常出現的狀況，用 WhatsApp 聊天，用 iPad「煲劇」等等。我們其實就是生活在一個多屏世界，承載著不同媒體互動資訊的螢幕。

消費者購物的過程也充滿著太多接合點（Touch Points）了。

假設有兩個人，A 的消費模式是從電話轉移到電腦的。換言之，他先用電話上網搜尋資料，然後在手機網站上加入到購物車，再用「Email This to Myself」的功能，讓資料可以在網上瀏覽。最後，在家中用電腦完成購買程式。

B 的消費模式則是從電腦移到電話的。他在網上看到一篇文章，對產品產生興趣。由於在手機上比較容易找到該產品的供應商和下單。所以，他最後下載了該產品的手機應用程式，此後每個月想購買時，一個按鈕就可以做到了。

從以上的例子可見，消費者常常會用不同的電子設備購物，所以商戶必須投入消費者的世界，也在不同的設備裡提供最好的用家體驗。

以往的「電視汁撈飯」的情境，在香港好像沒那麼常見了。右圖的統計顯示，人們花在電腦和手機百分比的總和已經超越了電視。而且，超過七成的消費者在購物前會先對產品進行研究。隨著人們把更多時間放在電話身上，根據統計，全球的智能手機用家預計在 2018 年超過 27 億，「電視汁撈飯」可能要改為「電話汁撈飯」了。

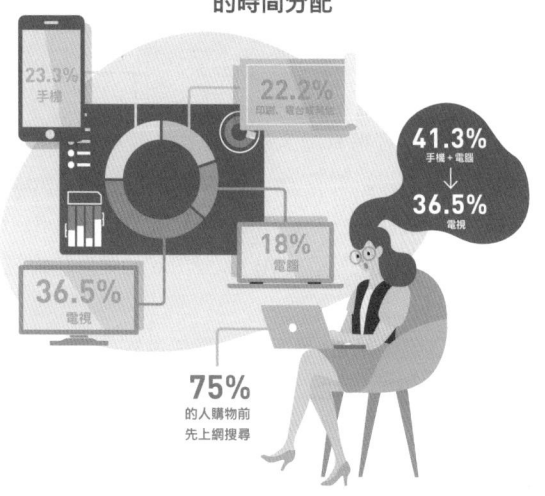

每天花在電子設備
的時間分配

23.3%
手機

22.2%
印刷、電台等類別

41.3%
手機 + 電腦
↓
36.5%
電視

18%
電腦

36.5%
電視

75%
的人購物前
先上網搜尋

智能手機裡的購物世界

智慧手機科技可說是開拓了網上世界的一大領域，隨著金融科技的演化，現在利用手機也可以付款（例如 Apple Pay、支付寶等等）。因此，手機購物以往這種對人類來說望塵莫及的東西，如今也可以做到了。

智慧手機可以幫助你做很多事情。例如你在店裡看到吸引的衣服，但你不清楚在這裡買是不是最便宜，因此你就會在網上先搜尋一下，再決定買不買。

根據 Google 官方提供的大數據，香港於智慧手機市場中領先全球，智慧手機普及率達 79%，為全球的頭首 5 位。現今社會越來越多人以手機消費，而他們的消費習慣主要有兩種，分別是「線上搜尋線下購買」和「線上搜尋線上購買」。

香港的線上消費其實擁有龐大的商機，但最基本的問題是用家的期望跟手機 Apps 的設計有落差。香港一般的手機 Apps 設計都比較簡陋，根本不能跟 Uber、Insatgram 及微信等 Mobile-first 或 Mobile-only 的 Apps 相比，這些 Apps 令用家的要求越來越高。

智能手機的普及，其實是一大商機，問題就在於我們如何把數碼的東西帶到現實生活之中。眾所周知智能手機能夠偵測到用家的位置，就正正因為這個功能，我們就可以把現實跟數碼世界連繫在一起。舉個例子，由於香港寸金尺土，店中的櫥窗或是展示產品位置有限，而結合智能手機的應用，當客人 A 走入時裝店中，他於顯示屏中見到的可能是運動裝，而客人 B 來到店中，看到的卻會是西裝。因為你的手機記載著你的搜尋習慣，而顯示屏再根據你過往的搜尋喜好來顯示你可能會感興趣的商品，令廣告宣傳更個性化。

其實相近的事於外國已經發生中，香港亦應該要把握機會，去增強消費者的線下購物體驗。除此以外，手機 Apps 的設計亦應該要與時並進，讓大家不論線上或線下都可以把握到消費者的心。

智能手機引領的消費革命 —— 無現金時代

醞釀了一段時間後，香港金融管理局終於批出第一批共 5 個儲值支

付工具（SVF）牌照，包括支付寶錢包、Wechat Pay（微信支付）、Tap&Go 拍住賞、TNG 電子錢包和八達通卡，香港零售支付由此進入新的里程碑。而此前，淘寶阿里巴巴的誕生地中國杭州，已經成為中國名副其實的「最大的移動支付之城」。數碼化支付已開始改變大眾的生活。

或許說到這裡，讀者會對這些新興的支付方式一知半解，不如一起看一則來自新華社新媒體專線的報導：來自德國的「阿福」，於中國上海復旦大學中文系畢業後，結緣一位上海女孩，成為中國「女婿」。這位微博紅人曾親身體驗了一次不帶現金遊玩杭州。早上使用支付寶乘坐公共交通公具，到達目的地後，購物、吃飯點餐用微信掃碼支付，全程只隨身攜帶了手機以及護照。一天結束，阿福說：「我去過全世界 30 多個國家，沒有一個城市能像杭州這樣便利。即使是路邊普通的燒餅攤，都能完成移動支付」。

事實上，阿福不帶現金的遊玩體驗，只展示了移動支付眾多功能中的一部分。除了門市付款和大家都熟悉的淘寶網購支付功能，轉帳、收款、手機充值，甚至 AA 付款都已直接加入了各項移動支付 App 中。用戶只要打開 App，綁定資料就能直接在手機端完成各項費用繳付，甚至港澳通行證現在也已經能通過微信預約辦理。

試想一下，買咖啡、乘的士不須現金支付；旅行簽證只需在 App 內預約繳費，出門只需帶手機便能支付衣食住行所有消費帳項。如此方便，這對事事要求效率的香港人會帶來多大的方便？

但事實卻相反，香港人用儲值支付工具動力似乎較低。要用儲值支付

工具，首要將帳戶增值，不過現時大部分儲值支付工具增值都不能做到即日過數，而且儲值金額設上限，令用家覺得麻煩而卻步。其次是普及程度的問題，在外國人阿福的案例中，吃路邊普通的燒餅攤都可用儲值支付，但反觀香港，連乘坐小巴、的士等公共交通工具都非全部可用。另外，有儲值工具主打不能用信用卡支付的小商戶，不過宣傳不足，優惠又不多，令消費者使用該新科技的動力低。再來是用家對任何新產品的首次體驗，很大程度決定他日後會否繼續使用，早前有朋友見某個儲值支付工具與便利店合作推出優惠，就下載一試，結果在付款時電話 App 畫面出現問題，加上職員不熟悉運作，等了又等，還不如用已推出非接觸式（payWave）的信用卡一「嘟」方便。

雖然目前現金支付仍然是主流，不過，創新支付亦是大勢所趨。面對移動支付越來越廣泛的應用，創新科技固然能極大滿足數碼融合時代的商業需求，但只有確保新科技足夠安全，才會最終被消費者接受。

#3.6 SEM 迷思：搜尋引擎行銷？

搜尋引擎行銷（Search Engine Marketing，簡稱 SEM），顧名思義，是指透過搜尋引擎開展行銷活動。

目前，搜尋引擎已經深入大家的日常生活，當你計劃去旅行，希望知道目的地的酒店資料、當地知名的餐館、景點的概況，大多數人都會在搜尋引擎上敲下「酒店」、「餐館」、「XX 景點」等詞。而這一刻也是搜尋引擎關鍵詞競價運作的時候。而最終你所得到的搜尋結果，恰恰就是網絡行銷得到的結果之一。

然而，這些酒店、餐館如何能夠排在搜索結果的前列呢？是否付一筆錢就可以排在搜索結果前頁呢？是否只要排在前頁，就自然有顧客上門，並擊敗競爭對手呢？

Sorry，以上純屬誤解，本節將會為你解拆所有誤區，揭露 SEM 行銷的運作環境、運作流程。

SEM 的重要性：3R

由於互聯網用戶數以億計，網上行銷的潛在顧客群龐大，可以讓你以最適合的成本進行最大規模的市場推廣。很多人以為網頁內部的建構最重要，誤以為網頁本身就是著陸頁（Landing Page），事實上網絡搜尋器才是網頁的著陸頁。那為甚麼要使用網上行銷？網上行銷的重要性可以概括為「3R」。

「3R」即是：Reach（觸及人數）、Relevance（相關性）和 ROI
（Return of Investment，投資回報）。

1. 觸及人數（Reach）

顧名思義，觸及人數（Reach）是指網上行銷吸引、接觸的人數。
事實上，互聯網 24 小時運作，人們隨時隨地都可以通過互聯網搜尋
資料，跨越了地域與時區的限制，為行銷行業接通了前所未見的新
世界。

在過去，如果一家出口貿易公司要做產品行銷，傳統方法是透過在海
外參展和當地傳媒報導，提高品牌在海外的知名度。但海外差旅成本
高，耗時長，行銷效果也未必明顯。有的公司在外國電台投放資源在
廣告，在國外聘請分公司職員等，但這種行銷方法成本高。而且花了
大量金錢之後，卻難以追蹤覆蓋範圍，難以控制成本。

而目前搜尋引擎已覆蓋超過全球八成的地區和網頁流量，每個月的搜
尋量更達到 1 億次。這類網上行銷不但可以觸及大量潛在客戶，更
易進行客戶資訊追蹤及成本控制。搜尋引擎成為了全球第二大銷售途
徑。

2. 相關性（Relevance）

相關性（Relevance）即是透過用家意圖（User Intent）達到網上行
銷的目的。例如你在搜尋引擎上打出某關鍵詞，這個詞就等於用家意
圖。除此以外，搜尋結果也會按照搜尋引擎相關的語言、地域、時
間等作出調整，務求帶來最佳用家體驗，商家也可以更快觸及潛在
客戶。

例如在深夜 1 點，你想和女友吃宵夜，上網搜尋餐廳，搜尋引擎會按照當時你所在的地區（如旺角）提供附近餐廳的資料，務求以最快的速度送上最合適的搜索結果。

3. 投資回報（ROI）

搜尋引擎可以利用各類數據收集及分析的工具，追蹤網站的流量和數據，計算出網站每天、每周、每月的訪客數量，查明何種關鍵字造成的流量，訪客在網頁的停留時間等等。這種條件下，在搜尋引擎投放廣告的投資回報（ROI）就一目了然了，便於商家進行成本控制。

綜上所述，網上行銷較傳統行銷（如電視廣告）更好用，行銷預算豐儉由人，入場門檻較低。商家可以通過在網上進行資本的方法，輕鬆找出行銷的最佳模式。可以肯定講一句，3R 網絡行銷將會顛覆行銷界，成為不可逆轉的大趨勢。

SEM 大於 SEO

SEM 和 SEO 都是不可不識的行銷常用字，它們僅一字之差，致使不少人誤以為兩者是一樣的，但實則同中有異，必須釐清。

• SEO（Search Engine Optimization，搜尋引擎優化），是透過一些策略調整網站，使其更加適應搜尋引擎的運作方式，讓網站在搜尋結果中取得更高的排名。

• 而 SEM（Search Engine Marketing，搜尋引擎行銷）則是廣義的搜尋引擎行銷，包括不同搜尋引擎優化的技術，如 SEO，以及付

費廣告，如關鍵詞相關的廣告（PPC）等等。

兩者最大差異，是 SEM 包括使用付費的方法來達到行銷目的；而 SEO 則著重於自然搜尋結果，一般不包含廣告的搜尋結果。

SEM 遊戲規則解析

在釐清了 SEM 的概念後，讓我們研究一下搜尋引擎的拍賣系統如何運作。要獲得你心目中想要的排名，要先進行一個程式——競價（Auction）。

那麼是否是在競價中，高價就一定排列在搜索結構的前面呢？例如現在有兩家公司：一家公司預算無上限，廣告差強人意、沒有點擊率，而另一家雖只願意付 1 元，但每天都有 1,000 個點擊。按照傳統的競價機制，預算無上限的企業必然會得到該排名。

但事實上，搜尋引擎重視的用家體驗，那麼搜索推廣廣告的相關性應該也要加入競價機制之中。2008 年，引擎器 Google 改革了其 Ad Rank 競價的機制，加入了 Quality Score（品質分數）作考量。

在新的機制之下，商家需要支付多少廣告費用呢？搜尋器會按照你競爭對手的廣告排名和你的品質分數，計算你實際要支付的廣告費用，最後你要付的價錢相對上就有一個折扣。如下頁圖所示：

實際CPC = $\dfrac{\text{下一個廣告對手的競爭排名}}{\text{你的質素得分}}$ + $0.01

以 Google 搜尋器的機制為例，Google 顯示的廣告排名（Ad Rank）受以下因素影響：

廣告排名 = 投放於排名的費用（每點擊）× 品質分數 + 廣告額外資訊

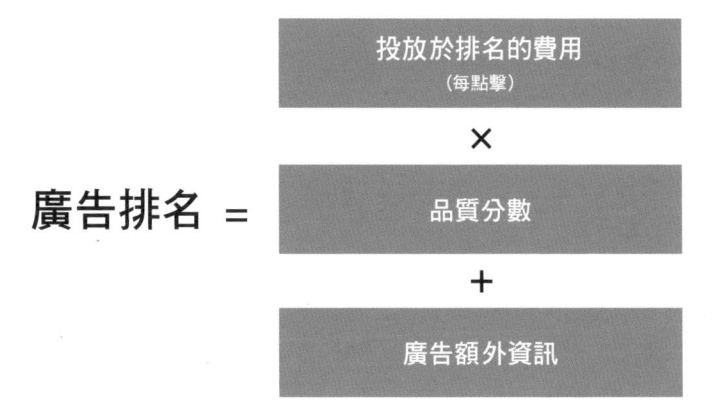

案例研究：

假設有 A、B、C，3 個人在競投同一個關鍵字。

	投放於排名的費用（每點擊）		品質分數		廣告排名
A	$1.00	×	8	= **8**	2nd
B	$1.00	×	10	= **10**	1st
C	$2.35	×	3	= **7**	3rd

A 和 B 各用 1 元競投，但 C 則出多於他們兩倍。可是，為甚麼 C 付出的錢最多，卻得不到最高的 **Ad Rank** 呢？這恰恰就與剛才提及的品質分數有關。

儘管 C 付出的錢最多，可是其品質分數只有 3。反之，雖然 B 競投的價錢很低，但因為網頁的質素很好，因此得到比較高的品質分數，最後也得到最高的 **Ad Rank**。

從上圖顯而易見，要改善網站排名，絕非「鬥錢多」，更要「鬥智高」，當中品質分數是關鍵因素。

作為 SEM 核心標準：品質分數的評分標準是如何運作的呢？

品質分數（Quality Score）是一個對關鍵詞進行評分的計算方法，它收到預期點擊率、廣告相關性和到達網頁體驗影響，評分由 1 至 10 計算，1 是最低，10 是最高。基本上，7 分已然不錯。

預期點擊率（Click-Through Rate）是指廣告被點擊的次數與廣告展示次數的比例。每個關鍵字和廣告均會有相應的點擊率。事實上，點擊率決定了超過 50% 的品質分數，對於最終品質分數有決定性的影響。

廣告相關性（Relevancy）是互聯網用戶輸入的內容與廣告的相關性。你可以讓你的 Ad Words 與搜尋者的關鍵字進行配對。廣告相關性越高，品質分數也會越高。

著陸頁體驗（Landing Page Experience）是從關鍵詞按入廣告（Ad Copy）到最後進入著陸頁面的過程。這一過程直接影響到搜尋引擎的用戶使用體驗。

例如你想去日本旅行，除非是預定了旅行團，否則都要自己處理住宿問題。當你在搜尋引擎上尋找當地酒店時，也許你會看到一家經濟型酒店的宣傳廣告，點擊廣告頁快速連接到達網頁，發現酒店各方面條件都符合你的要求，你便在該網頁中訂購了酒店房。可以看出，高品質的著陸頁、迅捷的網頁速度早就了解這個上佳的整體用家體驗，同時網站的相關性也獲得了大幅提高，從而提升品質分數。

近幾年，網路上出現準顧客收集頁面（Squeeze Page），其目的是為了搜集潛在客戶的聯絡資料，再進行後續行銷（Follow-up Marketing）。準顧客收集頁面是不設離開按鈕的，因此用家只有兩個方法離開網站，一是關掉整個瀏覽器，二就是乖乖的拉到最後填下個人資料，或完成網頁希望你做的行為，例如購買某些產品等。這些網頁的的品質分數會較一般網頁低。

Google 在 2011 年改變品質分數的評分，一部分也是為了淘汰這些網站，以改善用家的體驗。除了準顧客收集頁面外，如果你抄襲其他網頁的網頁設計和關鍵詞，侵犯原創性細則，也會遭扣分，降低最後的品質分數。

從以上這 3 個原則來看，要提高網站品質分數，便要謹記三大原則——「相關性」、「點擊率」和「著陸頁體驗」。只要執行 SEM 時謹守這 3 個原則，絕對能以低成本，讓網站高踞榜首，提升成效。

手把手教你競投廣告

由於不同類型的產品都需要有不同的廣告，搜尋引擎也提供了 3 個方法去競投廣告，包括單次點擊出價、每千次展示競價和關於目標每次獲顧客競價。

單次點擊出價分為自動出價和手動出價。目標是為了獲取點擊率，從而提升網頁流量。而每千次展示競價（Cost Per Mile，簡稱 CPM），意思是指廣告每達到 1,000 次瀏覽量，商家便需要付費。儘管沒有任何點擊，每瀏覽千次就會開始計費。這方法旨在提升品牌知

名度。目標每次獲客競價（CPA Bidding）能視乎你的預算，以實際行動計算成本，為你創造最高轉換率。這方法需要顧客有行動，例如在網站購買物品。你要將 CPA Bidding 轉化成策略，再與行銷結果互相配合，才能達致長期提升轉換率的效果。

#案例研究

筆者曾受一間經營旅遊景點業務的公司委託，為其增加網頁流量，並提升網站轉換率，因此我們建議該公司增加網上購票的功能。

但是，增加購票功能後，網站的人流是增加了，最後購買門票的行為卻沒有增加。因此，我們又對用戶進入網站後的行為進行深入研究。結果發現，很多人進入網站純粹為了了解門票資料和開放時間，並沒有購買門票。我們推斷造成這種結果的原因是，顧客嫌麻煩，寧願自己到現場購票，或是透過其他途徑買票。這些並沒有製造很多流量，因此可以稱為微轉換（Micro-conversion）。

有見及此，我們為該公司設計了一系列的處理方法。

首先，我們設立基準（Bench mark）和目標，確定哪些因素可能影響客戶在網站上購票。

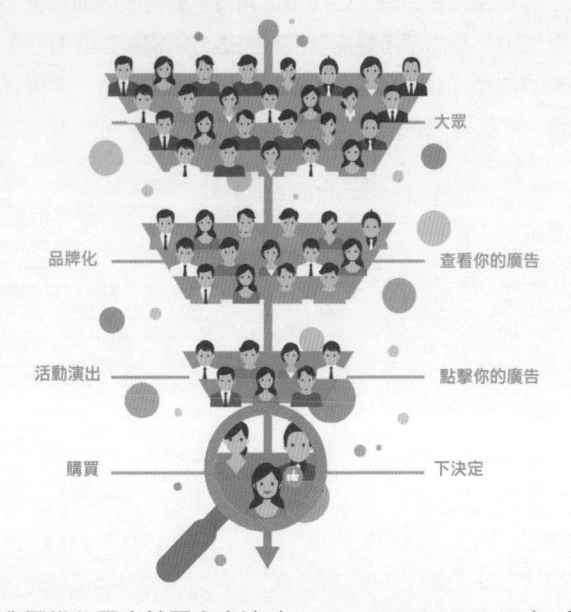

大眾

品牌化 — 查看你的廣告

活動演出 — 點擊你的廣告

購買 — 下決定

接著,我們推行了定性研究方法(Qualitative Research),研究訪客登陸該公司網頁頁面背後的動機。

我們發現，訪客進入網站主要是為了尋找該公司的門票資料和營業時間。然後我們再搜集分析各地訪客的比率和轉換率的情況。

網站點擊量

- 中國
- 香港
- 印度
- 馬來西亞
- 菲律賓
- 新加坡
- 韓國
- 台灣
- 泰國

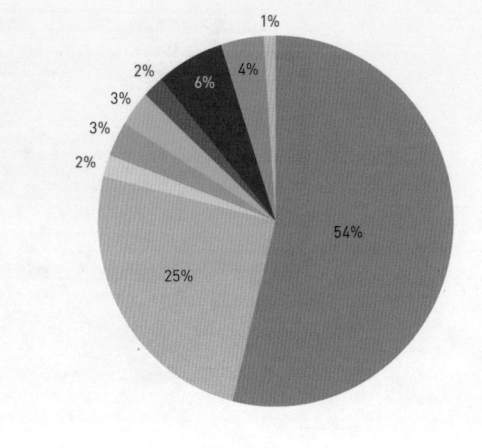

Conversions vs. CPA

- Conversions
- CPA

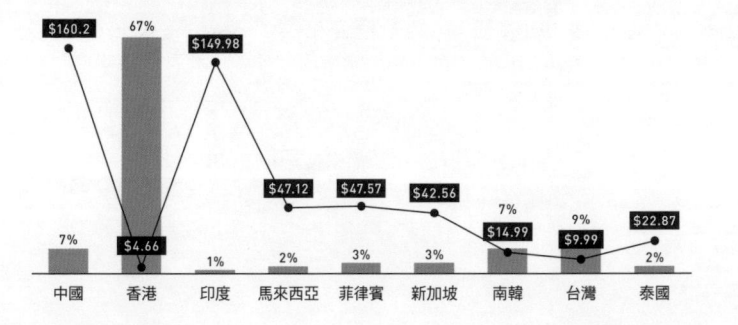

從左圖可見，中國內地創造了最高的網站流量。除了香港以外，台灣和韓國都創造了很高的流量，但 CPA 則相比之下較低。

然後，根據這些研究數據，精準定位消費者意圖，針對該公司的搜索關鍵詞、關鍵詞廣告文字等改良。

採用 SEM 與 GDN 後，該公司網站流量足足提升了 265%，而超過 70% 的網站訪客從搜尋引擎中得知該公司，超過 70% 的網站訪客中，有 50% 訪客在網站完成購票，而該公司的景點也成為了遊客來港旅遊的必經之地。

SEO 拆局：Google 才是你的首頁

搜尋引擎與現代人的生活息息相關。身處電子時代，我們不論大事、小事，都習慣先在網上搜尋一番。小至晚餐選擇、娛樂八卦，大至置業安居、結婚大喜，搜尋引擎總會帶給你一些實用的資訊。我相信，大家想要了解某品牌產品的資訊，必會先 Google 一遍，這樣一來，Google 已經成為大多數品牌的「公司首頁」。

如果我們能夠影響某些關鍵詞的搜尋結果，對品牌來說有莫大益處，在這裡，搜尋引擎改良（Search Engine Optimization，簡稱 SEO）至關重要。那麼，讓我們先認識一下 SEO，SEO 透過了解搜尋引擎運作方式，有根據地調整網站，令網站於搜尋引擎上可以有更優秀排名，從而讓大家可以把最想展示於人前的網站內容放到搜尋結果中較前的位置。

搜尋引擎當中的搜尋方法有很多種，當中包括網頁、圖像、地圖、新聞、影片、手機搜尋。而每種不同的搜尋方式我們都可以透過 SEO 去改良搜尋結果。

接下來，我們將會由淺入深去了解 SEO 的運作，由如何提高網站流量，到 SEO 的結構，到進階的 SEO 攻略。讓大家一步一步了解 SEO，從而去善用它為自己的網站觸及更多的潛在消費者，達成進一步的行銷目標。

引擎行銷中的哲學：傳統搜尋引擎行銷

當我們輸入關鍵詞進行搜尋時，搜尋引擎會得出兩大類結果，分別是：

01. 關鍵詞相關的廣告（PPC）：可以透過購買廣告達成；
02. 有機搜尋（Organic Search）結果：要透過 SEO 令你的網站到達更高的排位。根據統計，網站的流量有約 75% 來自有機搜尋結果，另外的 25% 來自廣告。因此，如果想要為網站提高流量，SEO 是非常重要的一環。

那麼，搜尋引擎行銷的關鍵點在於品牌網站在搜尋引擎中的排名，那這個排名又是如何計算的呢？

首先我們要了解搜尋引擎是如何運作的。你可以想像，搜尋引擎擁有一個極大的資料庫，它會先把海量的網站資料儲存於資料庫中。當用家輸入搜尋關鍵詞時，搜尋引擎就會於資料庫中選出你所需要的相關資料。所有的搜尋結果於你搜尋前就已經提前準備好，亦因為這個原因，我們才可以於彈指間得到成千上萬的搜尋結果。

而搜尋引擎的資料庫是如何建立起來的呢？搜尋引擎的資料庫建立原理可以看作三個步驟。第一步，從網路上抓取網頁；第二步，建立索引資料庫；第三步，在索引資料庫中搜尋排序，而其中的建立「索引」，這就是我們常說的「蜘蛛」需要做的工作，而這蜘蛛其實名為「搜尋引擎蜘蛛」。當搜尋引擎建立了一個資料庫後，它們就會派出蜘蛛透過超連結去爬取網站，再把相關頁面的資料帶回資料庫中暫

存。當有人搜尋相關資訊時，搜尋引擎就會通過程式運算，於相關的資料庫中提供相應的網站。

但如果你的網站內容缺乏相應的關鍵字，或是結構上做得不夠條理，蜘蛛到達後就會誤以為網站與關係詞無關而離開，你的網站亦將很難被搜尋到。所以 SEO 最基本的一步就是要從網站的結構入手，否則若「蜘蛛」無法識別的話，你的網站於搜尋引擎上是沒有排名的。

ZMOT 助你預測消費者購物前的行為

經營 SEO，在關鍵詞搜尋動作之前，還有一個行銷戰場，叫做零類接觸行銷（Zero Moment of Truth，簡稱 ZMOT）。

假如你是一個傳統成藥品牌的行銷人員，各大連鎖店及藥房都有賣你們的產品，而且銷情也不錯，那到底我們還有沒有需要去做線上行銷呢？而線上跟線下的行銷又有沒有關係呢？如果你明白何謂 ZMOT 這個概念，就很容易看懂線上跟線下行銷的關係互動了。

傳統的 B2C（企業對顧客）過程，大多是先由品牌透過電視、電台或報紙雜誌投放大量的廣告去接觸消費者，當消費者接收到廣告訊息後，對品牌有認識，日後有需要時就會去購買該品牌的產品。這個流程當中只有第一印象、第二印象。

如果過去沒有使用過你的產品，則雙方第一次接觸的好壞，就完全構成消費者的首次接觸行銷（First Moment of Truth，FMOT）；當消費者入手你的產品後，使用過程中的感受，我們則可稱為二次接觸行

銷（Second Moment Of Truth，SMOT）。以上是一個比較傳統的行銷過程，一直以來很多品牌都在利用這套方程式進行行銷。

但今時今日，消費者是否只有這單一的消費模式呢？答案是否定的。網路世界發展迅速，連帶現代人接收資訊的習慣也隨之改變。我們都喜歡自主選擇何時何地，以甚麼方式去接收資訊。ZMOT 就是因這種大環境變遷而應運而生，透過預測消費者購物（First Moment of Truth）之前的行為，從而得出適當的行銷手段。

舉個例子，Kelvin 在電視上看到一間火鍋店的廣告，他未必會立即致電訂座，但很可能會先上 Google 搜尋一下關於火鍋店的資料。雖然 Google 有顯示該火鍋店的官方網站，但 Kelvin 第一時間卻是前往 OpenRice 看看食評及評分，再到討論區看看其他人的食後報告，閱讀博客的文章，最後才確定是否到官網找電話留座。

以上例子反映了 Y 時代的購物習慣。相對於傳統的消費模式，人們喜歡購物前先於互聯網上搜尋產品或服務的相關資料、評論。因為與品牌廣告相比，我們更傾向相信協力廠商的評論，認定這些評論會比較中肯，而這個搜尋時刻就是 ZMOT。而且來到 Y 世代，SMOT 亦可以轉化為 ZMOT，以 Kelvin 的情況為例，他光顧火鍋店後覺得味道很好，價錢亦合理，可能會在自己的博客中撰文激讚，這樣當下次再有人搜尋這間火鍋店時，又會成了另一個 ZMOT 的例子。

ZMOT 的目的，是要讓消費者於還未親身接觸到產品之前，已經透過網絡上的各種形式去行銷（例如博客、討論區或是 Facebook），以較軟性的手法傳遞正面資訊，從而刺激消費意欲。有朋友會認為

ZMOT 跟傳統廣告的行銷方式相差無幾，難以加以區分。其實兩者最大的分別是，ZMOT 多數是消費者主動去接觸信息，而當他們動身去消費前已經充分掌握了產品資訊，甚至已經決定購買了。

ZMOT 可以說是各大品牌一個全新的行銷戰場。作為一個精明的市策人員，我們應該盡快了解並加入這個市場，主動掌握並利用 ZMOT 為品牌打好基礎，於網上以各種方式去建立一些產品的正面訊息，達到線上行銷影響線下行銷的終極目標。

SEO 改良方案的 8 個步驟

不管讀者是在為自己的網站做 SEO 改良，還是在給公司的網站做 SEO 改良，一份詳細的 SEO 改良方案是必須的。假如大家在最開始做網站 SEO 改良的時候，沒有準備一份詳細的 SEO 方案，那麼，在網站做 SEO 改良的時候，可能後面會花更多的時間來整理 SEO 改良思路了。所以，再給大家強調一遍就是網站做 SEO 改良的時候，一定要事先準備一份完美詳細的 SEO 方案。接下來，就給大家仔細講解一下具體應該如何寫一份完美的 SEO 方案的 8 個步驟。

1. 網站關鍵詞分析

分析你的網站結構，讓「蜘蛛」可以於網站中獲取有用的關鍵字，我們可以透過不同的工具去為網頁作分析，找出網頁的優勢、權重及比對等。大家可以透過以下的網站去進行分析：

http://alexa.com
http://webstatsdomain.net

http://ahrefs.com

http://similarweb.com

http://compete.com

http://gtmetrix.com

http://quantcast.com

於這些網站當中，我們可以找到自己網站的全球或是地區性排名、域名（Domain）權重等等資料。一談到網站分析，我們不得不提的是 On-Page Elements，即我們網站之中的已有元素。在一個網站中，我們可以把它分成不同的層面。

舉個簡單的例子，大家可能寫過大學論文，通常我們也會做一個內容目錄，只要於 Microsoft Office 當中選用了特定格式，那麼我們於內文中對標題或是內文等各種內容作修改時，目錄頁也會隨之作出修改，這樣便可以確保內容跟標題同步且準確。網站結構其實亦大同小異，一個網頁首先會有 H1 Heading Tag，接著是關鍵字內容（Key-word Content）跟元數據（Meta Data）。

元數據分為：

A. 標題標籤（Title Tag）

B. 元關鍵字標籤（Meta Keyword Tag）

C. 後設語法標籤（Meta Description Tag）

這些 Tag 的用處是告訴搜尋引擎每一頁所包含的元素。

接下來的是網頁命名法，像是不同 URL 的命名，好的 URL 就如預覽

一般，名字會讓人看到 URL 已經知道該頁大概的內容。有時候，我們到一些電商（e-Commerce）網站，會見到 URL 由一些不同的符號組合而成，那就不是出色的命名法了。圖像也有命名法，搜尋引擎所派出的「蜘蛛」並不會閱讀圖像，或是圖像中的文字，我們必須透過命名法去為圖像加入適合的檔案名稱或是描述，令「蜘蛛」知道那圖像的內容是甚麼，並讓用家可以搜尋得到。

2. 競爭對手分析

知己知彼，百戰百勝，想在 SEO 中打勝仗，就要好好分析對手的 SEO 策略，從而找出更合效益的 SEO 方針。首先，我們可以先查看你想用的關鍵字中，對手跟你的於搜尋引擎中排名，同時亦要看看大家網站於世界排名上的距離。如果相差不大的話，還是有機會透過 SEO 去獲得更佳排名。但如果相差太遠的話，那就可能要一段相當長的時間才可以超越對手。

做 SEO 就跟拳擊比賽差不多，有不同的級別。如果你只是一個初出茅廬的輕量級選手，貿貿然要去挑戰重量級選手的話可以說是不可能的。舉個例子，如果你是一家擁有大量資金的外國投資銀行，想到香港大展拳腳，想要於「銀行」這個關鍵字大排名第一，這是不可能的任務。因為你的網站需要時間去建立流量、分數及排名，而你的競爭對手老早已經在做同樣的事情，要超越他們並不是一朝一夕的時間。從另一個方向想，如果把戰場放到「投資銀行」這個關鍵字的話，情況就可能有所不同。相對而言，競爭對手比較少，配合更準確的關鍵字，可能會為你帶來更高的轉換率。

3. 關鍵詞選擇

如果想要知道關鍵字的價值,其中一個常用的方法就是關鍵字指數(Keyword Efficiency Index,簡稱 KEI)。KEI 透過找出關鍵字的搜尋數及競爭性,從而去計算出該關鍵字是否值得投資,KEI 的公式如下:

如何計算KEI?

$$\frac{每日搜索量^2}{競爭對手總數}$$

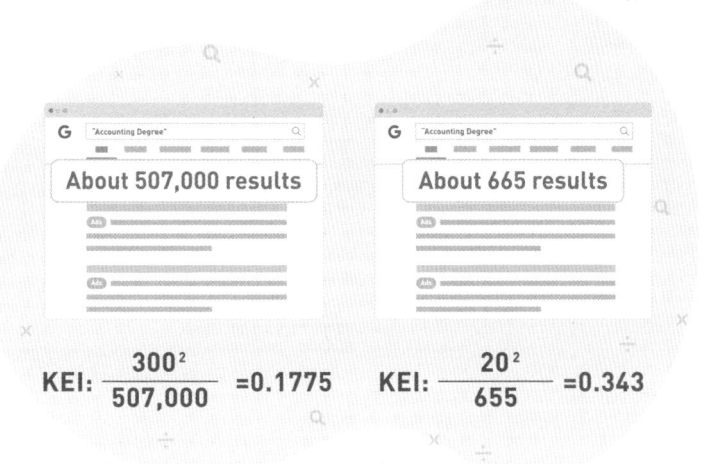

KEI: $\dfrac{300^2}{507,000}$ =0.1775   KEI: $\dfrac{20^2}{655}$ =0.343

←0.001 = Poor keyword   0.001-0.010 = Good keyword   0.010-0100+ = Excellent Keyword

關鍵詞的選擇主要有以下 7 種方法：

A. 圖片命名法

正如前文所述，搜尋引擎派出的「蜘蛛」無法閱讀圖像，如果圖片沒有加入特定的關鍵詞，搜尋引擎將不能辨識這些圖像。我們每上傳一張圖片至網站時，應該先改好檔案名稱，加入相應的關鍵字，並以破折號分隔關鍵字，這會讓「蜘蛛」更容易識別圖片的內容，讓大家更容易搜尋得到。大家可以於以下的例子當中了解更多我建議的命名方式：

● 建議改良前
● 建議改良後

http://www.polyu.edu.hk/fast/images/dep2_logo.png
http://www.polyu.edu.hk/fast/images/department-of-applied-mathematics_logo.png

http://www.polyu.edu.hk/fast/images/programmes_ud2_pic1.jpg
http://www.polyu.edu.hk/fast/images/applied-biology-and-chemical-technology-programme.jpg

http://fhss.polyu.edu.hk/images/common/education/img_student_1.jpg
http://fhss.polyu.edu.hk/images/common/education/FHSS-Students-Association_student_1.jpg

http://www.polyu.edu.hk/ro/images/banner3.jpg
http://www.polyu.edu.hk/ro/images/research-office.jpg

而另一種讓「蜘蛛」可以閱讀圖像內容的方法為 Alt Tag，我們可以把圖像的內容，如人名、產品名稱等等不同的資訊以 Alt Tag 方式放置於圖片，這樣「蜘蛛」便可根據 Alt Tag 中的關鍵字去識別圖片內

容，繼而增加圖片被搜尋到的機會。

B. 讀取速度

於網站分析之中，很多人容易忽略網頁於不同瀏覽器上的讀取速度。我們應該使用不同瀏覽器（可選較為大眾化的幾個，譬如 IE / Internet Explorer、Chrome 及 Fire Fox）測試網站頁面的讀取速度。平均而言，一個全球性的網站，讀取時間約為 7 秒以內，且 7 秒已經是極限，應盡量把讀取時間控制於 4 到 5 秒內。不僅用家接受不了太長的讀取速度，搜尋引擎也接受不了。因此，網頁速度的讀取快慢也影響到網頁在 SEO 的排名。

C. 關鍵字研究

找出適合品牌的關鍵字，對於 SEO 來說是十分重要的一環，因為這關係消費者能否透過特定的關鍵字搜尋到你的網站。在一個成熟的 SEO 計劃裡，我們往往會選上數十甚至過百個關鍵字。為了能夠高效進行，我們會把關鍵詞分成不同的組別。以一所大學為例，除了會分成課程名稱、教授名稱等組別外，我們更會加入一些提問性的關鍵詞，例如「香港最佳大學？」、「亞洲最好的 BBA 課程？」等等，此類我們想引領用戶到我們網站的問題，也可以作為 SEO 當中的關鍵字。當然一些如競爭對手名稱、查詢手法等等的不同組別，讓網站可涉足的範疇更廣。

我們要謹記一點，不同的關鍵詞不可能指向同一頁面，而是會帶領用家到相關頁面，因此我們選擇關鍵詞時應更加小心，盡量達到關鍵詞

匹配相關頁面的效果，根據以上的例子，如果用戶搜尋「亞洲最好的 BBA 課程？」，搜尋結果是該大學的 BBA 課程頁面的話就最好不過。而當我們把不同的關鍵詞分組後，便可以透過 Google Analytics 去分析每組關鍵詞的表現，如逗留時間、瀏覽頁面數量及點擊率等等，從而進一步了解不同關鍵詞為我們帶來的效益。

D. 認知度（Awareness）

我們會選擇一些比較常用及寬泛的關鍵詞，以大學為例，我們可選用「學士學位」、「會計課程」、「設計課程」等關鍵字，我們可以用這些泛用的關鍵字去關聯學院。

E. 研究與比較

針對那些搜尋目標明確的用戶，關鍵詞可以較長一些，而且可以加入一些品牌產品名稱等等，例如「大學會計課程」、「酒店管理學位課程」等等。當用戶搜尋這些關鍵字時，其實已經大約知道自己想要甚麼樣的搜尋結果。

F. 購買（Buying）

消費者已經知道自己需要甚麼產品，這些關鍵詞大多非常精準，例如「理工大學工商管理及工程學雙學士學位」或是「香港浸會大學工商管理學士（榮譽）學位」等等，這些關鍵字的轉換率往往是最高的，而這些關鍵詞最好能直接給予產品的資訊。

G. 長尾關鍵字（Long-tail keyword）

i.Universities

ii.Accounting Degree

iii.Universitiy for Accounting

iv.Best University for Accounting Degree

v.Best Accounting University in Hong Kong

vi.PolyU Accounting and Finance Master Degree

我們可以由以上例子看到不同層次的關鍵字選擇，關鍵字的設計往往儼如倒三角一般由淺入深，而關鍵字的點擊率跟轉換率多數為反比，越多人點擊的關鍵字，轉換率會越低；反之搜尋人數越少，但詳細及精確的關鍵字卻會有越高的轉換率。

除此以外，還有另一個選擇關鍵字的方式，是先把不同的關鍵字分類（如下表）。

Keyword Phrase	Monthly Queries	Query Type
Digital camera	1,738,225	Product category
Sony digital camera	39,108	Company + product category
Sony Cybershot digital camera	7,978	Brand + model + product category
Digital camera accessory	4,743	Product category extension
Best digital camera	23,958	Product category variation

Compare digital camera	3,493	Product category variation

我們可以先根據關鍵字的元素把關鍵字歸類，再分析每月的搜尋次數，於同類型的關鍵字中選出比較值得投資的。例如「Best Digital Camera」跟「Compare Digital Camera」屬同一類型的關鍵字，但前者每月的搜尋次數比後者高出了幾倍，所以我們就會更加考慮用「Best Digital Camera」作為 SEO 的關鍵字。

4. 改良網頁結構

以下讓我舉一些例子去說明結構的重要性：

例一：

http://www.polyu.edu.hk/feng/index.php

1

2

3

4 ←meta name="description" content="welcome to the Hong Kong Polytechnic University Faculty of Engineering page, one of the world's top 100 universities in engineering and information technology. Contact us at denquiry@polyu.edu.hk."

5

//No H1 tag detected.
Meta Description in place but too long.//

9

10

11

我們於上圖的 HTML Source 中可以看到，它於頁面中沒有加入 H1 heading tag，而於簡介中亦只是一些簡單的學校介紹，並沒有有關該頁面的任何資料，加上簡介亦太長，因此這不是 SEO 的一個好做法。

例二：

http://www.sd.polyu.edu.hk/en/

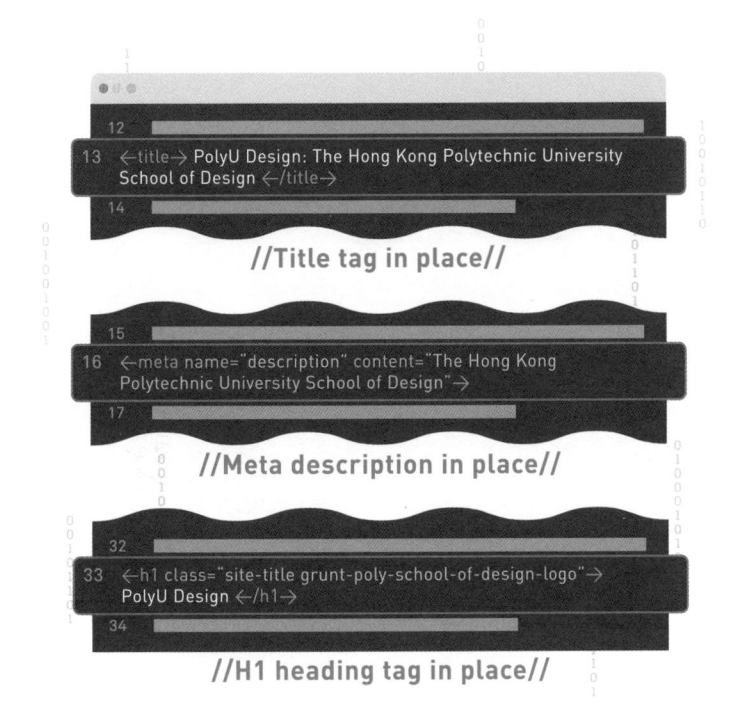

//Title tag in place//

//Meta description in place//

//H1 heading tag in place//

這個網站之中，我們可以清楚地看到網站簡而精的 Title Tag 及 Meta Description Tag，清晰地說明了該頁面的內容為「Poly University design」之相關頁面，只要大家於搜尋引擎中鍵入相關的關鍵詞，就可以找到那一頁。

以上兩個是一正一反的例子，而網站結構上的缺陷，於實際情況下會有甚麼影響呢？我們可以看看以下個案：

例三：

http://www.bre.polyu.edu.hk/teachingnlearning/teachingnlearning-02.html

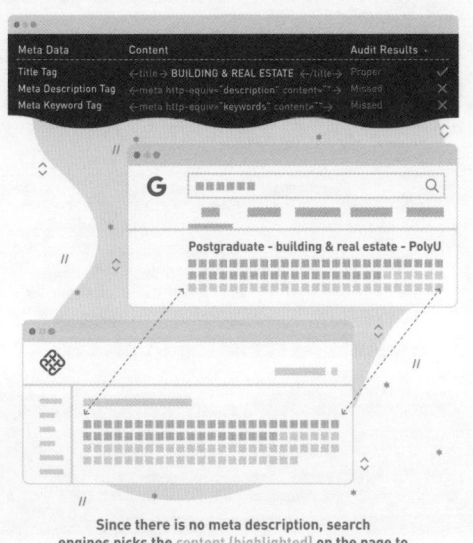

Since there is no meta description, search engines picks the content (highlighted) on the page to display in search engine automatically.

這個網頁之中有完整的 Title Tag，可是 Meta Description Tag 及 Meta Keyword Tag 中卻沒有資料。如果我們於搜尋引擎中搜尋這個完整的網址，我們於 Title 中可以得到正確的名稱，但於下方對網頁的描述上卻並非準確，而是順手拈來網頁的首幾句作描述，這就是因為網頁沒有 Meta Description Tag。正確的做法是應該於 Meta Description Tag 中填入你認為對該頁面最重要以及準確的描述。

例四：

https://www.comp.polyu.edu.hk/en/home/index.php

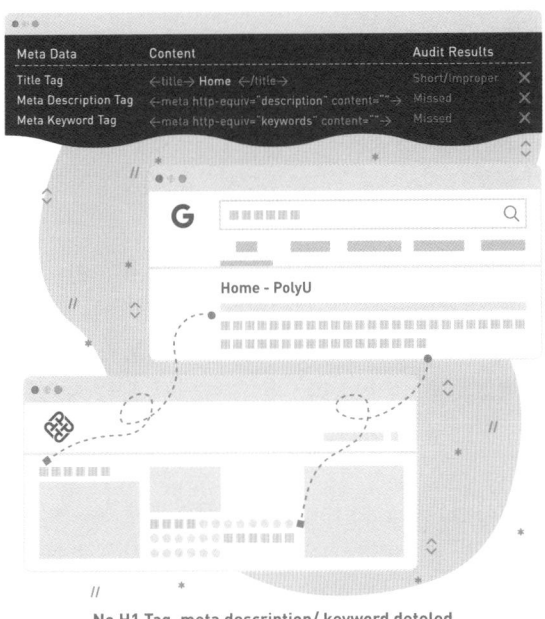

No H1 Tag, meta description/ keyword deteled,
the text shown in search results and not so relevant.

而這個網頁之中的 Title Tag 是「HOME」，而 Meta Description Tag
及 Meta Keyword Tag 中卻沒有資料。搜尋出來後的結果名稱就只有
「HOME」，簡介方面同樣是隨便於網站中找來的文字隨便填補，這亦
是因為沒有 Meta Description Tag 及 Meta Keyword Tag。

5. 選擇戰場

如果決定要做 SEO，那就意味著你跟競爭對手開始了不同的戰場，
而我們要怎樣選擇一個有利自己的環境而戰呢？於出發前我們應該要
先了解以下幾個問題：

i. 競爭對手在針對哪些關鍵字
ii. 競爭對手由哪些關鍵字取得流量
iii. 查看競爭對手的權重
iv. 查看競爭對手的外部連結

6. 標桿分析（Benchmarking）

於 SEO 開始之先，首要任務就是要開始使用 Google Analytics
（GA），根據 GA 的基準去訂立目標，於優化的過程當中監測其進
展。SEO 可以有許多不同的目標，例如增加網站流量、增加網站的
重複瀏覽、增加銷售、增加查詢、增加網站的互動或是加長瀏覽的時
間等等。

以下是一個 Benchmarking 如何幫助 SEO 的例子：一間英國的保險
公司正在英國的特價區域進行一些線上行銷的活動。它們希望知道個
別用戶於不同頁面上進行的互動以及停留網站時間的長短，以及用戶
感興趣的內容。如果他們已經在使用 GA，可以透過 Segmentation

知道用戶在不同頁面的瀏覽時間，以及是否觀看特定的影片。而且觀看時間等資訊都可以透過 GA 圖表化，一目了然地顯示各種不同的數據。

我們亦可以由 GA 中得悉這些流量從何而來（例如是有機搜尋，還是廣告），進入網站後又做過甚麼互動，有沒有轉化成銷售等等。

7. 頁面改良

於網站中的每一個頁面去進行結構改良，建立搜尋關鍵詞。要改良每個頁面，我們可以根據以下幾點：改良網頁的 Coding、為每個頁面生成一些高質素的關鍵詞、SEO 文案撰寫、分辨關鍵詞的重要性、撤除規範的問題，和確保沒東西會阻礙蜘蛛到訪我們的網站。

第一招：首先是改良網頁的編程（Coding）

舉個簡單的例子，「蜘蛛」不懂讀取 Flash，如果你的網頁是根據 Flash 建立起來的，搜尋引擎就很難找尋到你。讓我們由上而下講解如何改良網頁 Coding，首先是 H1&H2 Heading Tag，我們要透過 H1 Heading Tag 告訴搜尋引擎這一個頁面的最主要內容是甚麼，而再經過 H2 Heading Tag 去分隔出其他內容。

第二招：為網站的不同頁面建立不同的內部連結

這樣可以令用戶或是搜尋引擎更容易找到相關資料。像維基百科，它的每一個特別詞彙都可以連結到該詞彙的專用頁面，讓用家可以更快速更輕易去知道詞彙的意思，而這樣亦是最佳的 SEO 手法之一。

第三招：為網站建立外部連結（Link building）

我們撰寫大學論文時，需要引用不同的著作，在論文的最後我們需要列出引述了那本著作的那一章那一節。將這放在 SEO 的層面上說，這些引用就是我們網站的 Link Building。而搜尋引擎亦相當重視網站被「引用」的次數，所以 Link Building 亦是 SEO 當中相當重要的一環。因為我們的前 5 個步驟，在網路世界上都是易於抄襲的東西，而當每一個網站都具備以上所述的基本元素後，架構上亦大同小異時，究竟 Google 是如何計算網站排名呢？這個時候就是看 Link Building 的時候了。

例子：

相信你們都聽過愛因斯坦的《相對論》，亦知道該理論的重要性。然而，搜尋引擎是沒有情感的，它是如何知道《相對論》的重要性呢？鑒於已有成千上萬的論文引用過《相對論》，甚至基於《相對論》衍生出許許多多的理論，搜尋引擎憑這些數字去得知《相對論》的重要性。網站排名亦一樣，Google 會計算你的網站被引用的次數，以及引用網站的排名分數，從而得出網站的 Page Rank 越高，網站的排名亦相對越高。Page Rank 由 0 至 10 分，一般的網站多數也是 0 分，而 6 分已經算非常不錯了。

最有效的外部連結就是，用較高 Page Rank 的網站去連結到你的網站。我建議外部連結 10% 放於社交網站，30% 放於商業資訊網，其餘的 60% 則由博客跟論壇去負責。我們可於 DMOZ.ORG 這一類的線上電話簿中建立屬於我們的頁面。一經申請後如果沒有甚麼大問題，

2 至 4 星期就可以出版以及建立外連。我們亦可以經 Facebook 發送一些與我們網站有關的內容，並加入一些指定的連結。甚至透過不同的博客或是論壇，發送一些關於我們品牌的新聞或是帖子。以上都是一些有效建立外部連結的方法。

8. 表現概要及流量分析

如果想要知道 SEO 成功與否，當然就是要分析經過 SEO 後的網站表現及流量。除了於 Alexa 上的網站排名有沒有上升外，外部連絡的數量、Google Page Rank 有沒有增加也是需要分析的因素之一。更重要的是看關鍵詞於搜尋引擎首 3 頁的表現，因為 95% 的人都會看到首 3 頁的搜尋結果，所以首 3 頁的結果最能幫到手，而被選中的關鍵詞亦要於首 3 頁內有排名才會對網站有所幫助。由於 SEO 不是短暫性的計劃，所以我們要更長遠地監察 SEO 的表現，而做 SEO 的時間越長，我們越能夠看到它的效益。如果能夠保持到特定關鍵字的競爭力，會為網站帶來細水長流而且越來越高的流量。

我們要分析不同頁面人們訪問及逗留的時間、點擊分頁數及以何種途徑來到我們的網站。根據以上的數據，我們可得知哪個平台、哪個關鍵詞帶來的轉換率比較好。另一樣要留意的是不同裝置帶來的流量，到底用戶是用電腦，還是手提電話去瀏覽你的網頁？如果你有 30% 或以上的流量是來自手提電話的話，你的網頁就一定要夠「Mobile Friendly」，否則絕對會影響用戶的使用體驗。我們可以根據以上的數據去檢討網站有甚麼地方要作改善。

持續改良

要注意，SEO 絕不是一次性的計劃，因為在網絡世界裡，搜尋引擎

及你的競爭對手都是瞬息萬變的,所以我們一定要時刻監察著自己 SEO 的表現。SEO 世界裡存在激烈的競爭,需要持續地去改良,才能令網站可得到更佳排名。

#SEO 個案研究:百度

在 Google 未覆蓋中國地區,「百度知道」是中國另一個熱門搜尋引擎。百度知道是一個基於搜尋的互動式知識問答分享平台,用戶根據自己的要求而針對性地提出問題,通過積分獎勵機制來鼓勵其他用戶解答。讓用戶的隱性知識變成顯性知識,並通過回答的沉澱和組織形成新的資訊庫,以實現搜尋引擎的社區化。

如今,中國互聯網行業由 BAT(百度 Baidu、阿里巴巴 Alibaba 和騰訊 Tencent)三分天下。百度作為全球最大的中文搜尋引擎,用戶量早已無法估算。僅是我們知道的手機百度,就早已在 2014 年突破驚人的 5 億關口,而作為百度旗下最重要產品之一的百度知道,雖然無據可依,但其影響力亦可想而知。如今,使用百度知道的人越來越多,一句耳熟能詳的口頭禪「有事沒事找度娘」就是最好的證明。如今在內地,無數企業早已競爭做百度知道的推廣了。

百度知道「度娘」 生活不可或缺

Panda 是土生土長的香港人,第一次去內地是被香港總部派去北京子公司出差。Panda 在此行程中常聽到的一句話就是「找度娘唄」。

Panda 這幾天都一頭霧水，直到有一日，北京同事要帶 Panda 去吃北京著名美食──北京烤鴨，見同事直接拿出手機在百度裡輸入了「北京哪裡的烤鴨最正宗」，立即就找到所需資訊，帶著 Panda 直奔目的地了。Panda 亦終於解開了心中的疑惑，原來「找度娘」是這麼一回事，「度娘」即是百度知道。Panda 覺得這種方式很有趣，於是也有事沒事在「度娘」上提出各種問題，每次都能很快搜到答案，有些當天沒有答案的，也會在第二天得到很多熱心網友的回覆。Panda 於是了解到，「百度知道」已經成為內地人日常生活中必不可少的一部分。

客戶轉化率高　助力品牌建設

「百度知道」作為百度旗下最重要的產品之一，深受百度及消費者的重視。品牌於「百度知道」上的條目變相成為了品牌的履歷表，有可能為企業網站帶來意想不到的流量；再加上現在很多客戶都相信百度知道，認為百度知道的回答可信，為企業塑造品牌形象發揮了至關重要的作用。

毫無疑問，百度知道已經作為互聯網時代網路推廣最快、最好的方式之一，若想打進內地市場，邁出這一步是必經之路！

#3.7　關鍵意見領袖（KOL）

在互聯網尚未普及的時代，資訊的傳遞非常「單向」，我們接觸的資訊來源主要是大眾媒體——消息經由記者接收、消化、整理、報導，再傳達至大眾。然而，在當今的世代，資訊不單不是單向，有是「多面向」，有如蜘蛛網，你、我、他可以獨立連結，也可以以群組的方式地集體聯繫。從群眾的角度而言，當中尤其由關鍵意見領袖（Key Opinion Leader，簡稱 KOL）扮演著舉足輕重的角色，KOL 對在社交媒體所發表的評價，不僅是吸引無數跟隨者的眼球，更影響很多人的消費決定。不難明白的是，很多品牌管理者、廣告商，現在都力求找到優秀的 KOL 以達致廣告的效果。

那麼，一位優秀的 KOL 該具備甚麼條件？知名度高就一定有影響力嗎？其實不然。知名度和影響力，兩者都是重要的指標，然而，兩者未必有正比的關係。

一個知名度高的 KOL，很可能有大量的支持者（即粉絲，Fans）或者跟隨者（Followers），但未必代表這位 KOL 可以影響他們的消費決定；反之，一個具有強大影響力的 KOL，可能他算不上是街知巷聞，但他的一小撮的支持者對他可是亦步亦趨。

揀選 KOL 的質與量指標

再深入一些去想，行銷人員在評核如何選擇合適的 KOL 時，該考慮甚麼因素？憑藉著我們團隊所累積的經驗，在此分享一下在選擇 KOL 時需要考慮的因素。

第一：質量上（Qualitative）的指標

我們會視乎內容切合度（Content Affinity），當中我們會經常參考的有 4 個指標：

1. 相關性（Relevancy）

我們會首先看該 KOL 是否該產品的使用者，有否寫網上資訊（Feed），他／她本身的專長是否與該行業／產品有關。

2. 外貌及品味（Look & Style）

在這方面，香港人的確較為膚淺，這因素對消費者而言都相當重要，我們都會看 KOL 在互聯網上是否表現出吸引觀眾的外貌和品味，也看他／她的言論有否正面的能量？還是較情緒化或被動？這些都是很重要的因素，因為他外貌和品味關乎到他是否與該品牌切合。

3. 語氣及行為（Tone & Manner）

從 KOL 的網上發布，我們會看看 KOL 如何用字？當他描述產品時，當中的用字是否切合品牌的需要？當中的語氣又是否能夠吸引（Engage）目標客戶群（Target Audience）？因為在網上，有些 KOL 有時說話較為輕佻或偏激，而如果品牌的目標客戶群是比較成熟穩重的話，這 KOL 的切合性就值得存疑了。

4. 經驗（Experience & Voice）

我們會看 KOL 在該產品和行業上有多少知識，對受眾而言的認受性又是否足夠，尤其在電子產品（例如 Gadget）的行業，受眾很多時候在 KOL 上追求一些有深度、有洞察力的評論（Insights），藉此可以省掉自行探索的時間、心力和金錢。香港人很多都追求快捷、方

便，這也是很多人跟隨 KOL 的原因。故此，我們也會看 KOL 是不是一個專家（Expert）、潮流的帶領者（Thought Leadership），如果是的話，這當然會大大加分。

第二：數量化（Quantitative）的指標

我們會看看 KOL 的群眾影響力（Audience Base）。所謂群眾影響力，顧名思義，這部分的準則會分析較多數據。

1. 接觸面（Reach）

這是指 KOL 潛在可以接觸到的受眾數目，如果是在 Facebook 上，會看他的跟隨者（Followers）的數目，在 YouTube 上則看訂閱者（Subscribers）的數目，在個人的部落格上就看有多少讀者或點擊率。

2. 參與率（Engagement Rate）

簡單來說，KOL 能否與受眾拉近距離？縱使是一位接觸面很廣的 KOL，也要看看他的受眾是否會閱讀 KOL 刊發的資訊，甚至是作出回應，所以，從「讚好」（like）、「回應」（Comment）、分享（Share）等等的數目，可以讓我們判別受眾與 KOL 的互動量。

3. 轉發數目（Number of Re-Posts）

以上兩點都是集中在 KOL 上，其實，一個成功的 KOL，很多時候像是一石激起千層浪。第一手接觸 KOL 的受眾有限，然而，倘若當中有人把資訊向周邊的朋友轉發、分享，這樣則會大大增加漣漪的效應。試想想，如果 100 個願意轉發的人都有 100 個朋友，而如果每個朋友都願意轉發的話，則變成有 100 萬人看到了。可見這股效應

不單是倍增，而可以是幾何級數增加的。

根據以上的兩個主要範疇，我們可以成功地把 KOL 分成 4 個類別。藉著這 4 個類別的劃分，我們可以更活用不同的 KOL，增強成效。

第一類：切合度高、群眾影響力低

就著那些屬於內容切合度高、群眾影響力低的 KOL。我們會建議在這類別挑選幾位 KOL，藉此精準地接觸目標的受眾，但不能只靠一個，否則整體的接觸面可能較弱。以「湯唯」為例，她固然是一位極具名氣、光芒四射的一線名明星，憑藉她的外貌、行為舉止、品味和經驗等，她在內容切合度方面固然是毋容置疑；然而，她幾乎沒有接觸社交媒體，在網絡上甚少有跟隨者，所以她的群眾影響力相當低，類似她這些就算是一些例外。

第二類：以「量」取勝

那麼，那些內容切合度和群眾影響力都低的 KOL，我們是否完全不應該採用？其實未必。因為我們可以在行銷計劃上，採用多個這類別的 KOL，這種以「量」來取勝的策略，有助於製造迴響、聲勢（Noise），讓受眾感覺到四周都有產品討論，很多時候，這種「量」是以十幾個至幾十個不等的。另外，我們都會建議儲集 KOL，在有需要的時候邀請他們來參與公司的活動、就產品作出評價等，尤其是在出現危機時，這種 KOL 很多時候價錢較便宜，可以在這些時候幫得上忙。

第三類：內容切合度低、群眾影響力高

就是內容切合度低、群眾影響力高的 KOL。在行銷策劃上，採用這類的 KOL 不需要很多，幾個就已足夠，基於他們的群眾影響力，可以有助於提升品牌的知名度。例如麥當勞曾找來知名的香港 KOL「熊仔頭」來為其新推出的產品作宣傳，KOL「熊仔頭」與麥當勞的切合度並不高，不過勝在「熊仔頭」的 YouTube 頻度有超過 50 萬名訂閱者，以其影響力，即使兩者的切合度不高，亦能作宣傳效果。

第四類：內容切合度高、群眾影響力高

最後，內容切合度與群眾影響力都高的 KOL，固然是最適合的，採用這類的 KOL 的數目不需要很多，源於這些 KOL 通常牽涉較高的成本。

篩選的準則

除此以外，我們需要採取 4 個篩選 KOL 的準則：

1. KOL 的收費是否合理

在市場上，很多 KOL 的價格都相當浮動，亦即我們俗語所說的「海鮮價」。尤其當某個 KOL 當紅的時候，又或是手上的工作較多的時候，他們收取的價格上升幅度可以相當驚人。如果他們的叫價過高，我們要考慮價錢是否合理，還是轉用別的途徑。

2. KOL 的配合度

KOL 究竟是否容易一起合作，會否準時推廣產品？對方會否隱瞞自己的利益？或是難以合作？例如在試用產品後寫下評語後，會否未經討論就直接公開發布？另外，有些當紅的 KOL，可能他／她本身有經理人，所以如果與這位 KOL 合作，也要與她的經理人磨合，這些都是需要考慮的因素。

3. KOL 的形象

有些 KOL 可能受盡負面新聞、緋聞、醜聞纏擾，這些我們都盡量避免。

4. KOL 的商業化

最後，某些 KOL 可能有大量的跟隨者，內容切合度也不俗，但他／她可能太商業化，代言大量品牌，甚至曾經就對手的品牌做過代言，這些可能未必適合。尤其是口碑為上的年代，太商業化的 KOL 的說服力很可能稍遜。

培養品牌的 KOL

一開始，不必急於找 KOL。很多時候我們會先建議公司自己編寫和保存一個 KOL 的名單，當中有些內容切合度不高的 KOL，其實都可以予以發展空間，讓他／她發揮潛力，為該公司的產品做代言。我們通常建議讓 KOL 第一手地接觸不同的行業資訊，甚或是提供新產品的樣本供以試用，藉此提升他和內容切合度。某些公司設有最佳用戶大獎（Best User Award），這些可以獎勵一些有潛質的 KOL，也可以教他認識公司的產品，這些做法都可以直接提升他的內容切合度，

當內容切合度提升了，那便可以請這些 KOL 為產品推廣，如在社交媒體分享使用產品後的感想，令讀者不會覺得 KOL 在空口說白話。

那麼，一些群眾影響力低的 KOL，我們如何提升他們？我們可以直接邀請他們來公司的活動，讓他們有更多機會接觸公司的受眾，透過受眾對公司的良好印象，帶動受眾更加關注這些 KOL，藉此增強他的群眾影響力，我們也可以在 Facebook 上擺放精準的行銷廣告，以增加群眾影響力。

就著一些兩者皆低的 KOL，我們也會建議公司持續地培養這些 KOL，因為當公司出現危機之時，公司才可以迅速地找到忠實的用戶，讓他們以第三身的角度來為品牌發聲，為品牌做一些中和（Neutralization），熄滅一些火頭。

舉一個例子，黎明曾於 2017 年舉辦演唱會，而演唱會在戶外舉行，當時大帳篷因不符合防火標準，首場前一晚演出急煞停。雖然身為樂壇天王，但黎明不假手於人，亦沒有委託其他人代言，而是在社交媒體 Facebook 發放五次短片，親身交代演唱會的最新進展，並承認責任及多次道歉，對大眾說了幾次「對唔住」和「唔好意思」，更加五度鞠躬，最終在翌晚拆篷開騷。黎明這次的表現化解了一場公關災難，有公關業界讚賞黎明反應快速，親身回應予人「肯承擔」及不推卸責任的形象。他在 24 小時內就已經迅速解除危機，他的公關技巧，以及對事情的承擔、為參與者提供退款，都是無庸置疑的。但他能迅速平息危機的主要原因，是有賴於他的粉絲會。粉絲會在不同的討論區及社交媒體廣泛傳播該事件，並大力讚揚黎明的處理方式，使到其他人也互相分享該消息並給予正面回應。黎明的內容切合度未必

「網紅」與「大號」

還記得 2016 年巴西里約奧運會一夜成名的「洪荒之力」游泳女將傅園慧嗎？短短一個晚上，從一句新聞回應，演變成全城熱話，更登上了微博熱搜榜，令她搖身一變成了「網紅」。「洪荒之力」讓網民紛紛仿效，更有公司想找她當 KOL（Key Opinion Leader）宣傳自家品牌。

到底「網紅」和香港人常說的「KOL」有何分別？

「網紅」是指在某個領域小有名氣或因一些事件突然爆紅的人，例如之前曾有一位日本藝人大叔憑一首「PPAP（Pen-Pineapple-Apple-Pen）」歌成了「網紅」。3 句重複的歌詞，配以簡單動作，足以令歌曲在網絡上瘋傳，除了被改編成多個版本，更有不少名人翻唱。不過，這種「網紅」的熱度往往只能維持一段短時間，大概只有 1 至 2 個月不等。而且關注「網紅」的人沒有共通點，不管男女老幼都有可能是受眾。提到以歌曲成為「網紅」的人，你一定會想起數年前跳騎馬舞 Gangnam Style 紅遍全球的 PSY。雖然這首洗腦歌像病毒般傳播，並在短時間內取得破億點擊，不過熱潮往往來得快，也去得快，他之後推出的新歌再也引不起關注。就像巴西里約奧運閉幕後，傅園慧的曝光率、關注度與討論度也逐漸減退一樣。

KOL 在內地統稱「大號」，包括明星及某範疇的名人。就名氣而言，「大號」的形象已經深入民心，而「網紅」給大家的記憶往往只有行為、表情或金句。另一個著眼點就是受眾，「大號」的受眾通常有特定的年齡層、性別或興趣。想看日本的旅遊美食情報，你會看常分享日本旅遊資訊的 KOL 專頁，至於其他範疇例如育兒、美容、潮流裝搭、烹飪，都各有相對應的一群 KOL，而且通常一個 KOL 只會專注一個範疇。

「網紅」與「KOL」的分別，對於品牌投放廣告資源有重大影響和啟示。

香港本土品牌如果想捉住某個熱潮在內地進行推廣，就要準確的投放不同的資源到「網紅」與「大號」身上。曾有 KOL 以「洪荒之力」為例子，建議客人在微博的博文上加上標籤，提高博文的曝光率，同一時間配合與目標客戶群相關的「大號」宣傳。該 KOL 用簡單的方法便可推高客戶品牌整體的曝光，從而達致廣泛傳播的效果。所以從商業的角度出發，每個品牌在投放廣告資源時，也應先仔細考慮，不應盲目地「抽水」，才可以在讓受眾有共鳴的同時，進一步提高品牌形象。

高，群眾影響力也未必大，但勝在一呼百應，人多勢眾，所以很快就
可以平息這個風波。

案例分享：KOL 是怎樣煉成的

今時今日，網紅的影響力可謂無遠弗屆，當他們在自己坐擁龐大的粉
絲群的平台上推廣商品，往往能在瞬間做到一傳十、十傳百的效果，
直接刺激產品的銷量，因此難怪廣告商會願意每年投放數以億計的費
用贊助一些 Instagram KOL 及 YouTube 巨星，令營銷界上出現一種
嶄新的網紅經濟。

正因為網紅行業有市有價，這亦造就了一些「教人如何成為 KOL」
專門學科的誕生。在中國，義烏工商學院（YWICC）近年便開設了一
門「網紅系」的大學課程，專注孕育 KOL。課程的內容非常廣泛，
包括表演、化妝造型、公關禮儀、美姿美儀、舞蹈、走貓步等等，而
期終考試更加入「30 秒擺出 15 個甫士」的考核部分。

不過，雖然如今這類 KOL 培訓課程已經越來越多，但其實孕育炙手
可熱的 KOL，卻不是想像中那麼容易，背後往往需要不少天時地利
人和的配合。

例如韓國歌手 PSY，縱然他在 2014 年憑著《江南 Style》一曲一炮
而紅，成為全球知名的網絡紅人，但其實他經歷了 10 多年的努力和

嘗試，加上韓風效應、音樂上掌握大眾心理，才得到現在的成就。

至於香港有意躋身 KOL 界別的年輕人，雖然未必能完全借用 PSY 的成功伎倆，但若要成為網紅，賺取數以千計甚至數以萬計的網紅收入，不是沒有法則可循。關鍵是找出大眾喜愛而尚未普及的創作方向，持之以恆發展下去，吸引越來越多網民的注意，並定期分析數據和作出改良，那麼成為出色的網紅也並非遙不可及。

數碼參與循環（Digital Engagement Model）

下圖的模型提供了一套準則，並給予清晰的指引，讓市場人員制訂和量度推廣活動的指標，可因應不同的指標，訂立具競爭力的整合數碼策略。同時，這模型亦能作為一個結構框架，讓企業能決定採用哪些數碼行銷工具，以更有效達致行銷目的，並釐定運用哪些數據和量度工具，作檢測成效及改善活動之用。

數碼策略模型

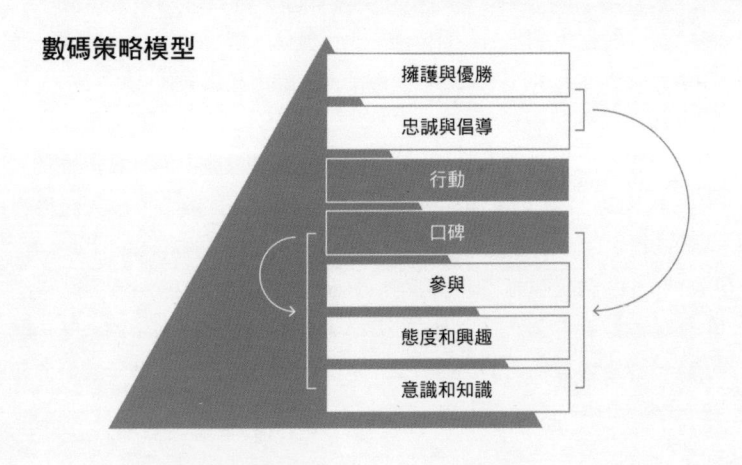

1. 意識和知識（Awareness & Knowledge）

在這層面，我們會盡量爭取最大的曝光度（Exposure），目標受眾較為廣泛，而我們通常用的工具是電郵、網站橫幅（Banner）等。在量度方面，我們會看的是有多少人曾開啟該電郵、多少人曾閱覽該網站橫幅（Impressions）、瀏覽人數（Views）、點擊率（Click-through Rate），以及接觸面（Reach）等。

2. 態度和興趣（Interest & Attitude）

在這層面，目標是與潛在客戶互動，我們通常採取的策略是通過社會媒體如 Facebook、Twitter 或 Pinterest 等；在量度方面，指標會是「讚好」（Likes）、回應（Comment）、「轉發」（Share / Re-post）、「跟隨」（Follow）等。

3. 參與（Involvement & Engagement）

這個層面，我們的目標就變為更實在，目標是想收到潛在客戶的查詢，我們通常運用的工具會是 YouTube、部落格（Blog）、電郵通訊（Newsletter）或者公司本身的會員計劃，而量度的指標，通常會看影片的瀏覽量、部落格的跟隨者、訂閱電郵通訊人數、會員計劃的參與人數等。

4. 口碑（Word of mouth）

走到這層，這些已經是很有潛質的客戶，甚至是現有的客戶，我們會看所有的平台，包括可供留言、評價的管道，例如網上討論區、群組、Facebook、部落客格等，因為能製造大量聲勢（Noise）、引用（Mention）也未必代表成效好，我們也要做做人氣（Sentiment）的正負度，看看人氣是否正面，還是負面。因為萬一在危機出現時，在

網上可能會出現很多引用，但不代表是一件好事。在這方面的量度指標是評論的數目、引用的數目、人氣度等等。

5. 行動（Action）

看的是究竟有多少潛在客戶被轉化成實質客戶（Conversion）。行動包括直接進行購物（Purchase），當中包括網上或在實體店，我們通常會運用的指標包括印花的使用率、網站上的購物人數；另一方面也可以是實質參與公司舉辦的活動，或者使用公司某項服務，在這裡我們會看轉換率（Conversion / Acquisition）等。

6. 擁護及優勝（Advocacy & Champion）

我們在這層面希望能與忠誠的客戶連繫，希望這些客戶能在他的朋友群中倡議運用這產品。我們會看有多少由客戶製造的正面內容（Positive User-generated Content）、個案分析（Case Study）、經驗分享（Testimony），有多少引用、用戶有多少會轉發他的內容、問卷的參與度、正面的評論、分享產品的網上連結。在指標方面，我們會看看網上連結的轉發度、經介紹所產生的銷售額等。

總結

數碼行銷的工具有很多，當你在選用適合的工具前，你必須要問自己產品的受眾到底是誰。不同的工具對不同的受眾有不同程度的影響，例如如果你的受眾是 15 至 25 歲的人，這些人受 KOL 的影響可能會比其他年齡層更大，因為他們日常接觸到的話題很可能都是與 KOL 有關，所以 KOL 對他們來說便是一個有效的數碼行銷的工具，而其他的數碼行銷工具均有不同的重點受眾，不過當然數碼行銷是鼓勵運用不同的工具，去推廣同一種產品或服務。每一種工具都可以發揮不同功效，有些是把直接的資訊分享，有些是建立形象，有的幫你傳達資訊，所以適當地運用不同工具去推廣同一種產品或服務，互相配合，這就是行銷人員不可疏忽的重點。

如何建立一個成功的數碼行銷模式
（ e-Business Model ）？

數碼行銷模式是可以承載所有商業的行銷模式。就算別人抄襲，也有方法可以持續去改變，甚至可以變得更加好。但要注意的是，在別人的生意上可行，並不代表在你的生意上可行。而如果數碼行銷的模式不可行的話，做甚麼也沒有效用。

身邊有一個朋友說，希望設立一個專門給弱勢社群交流的網站，希望變成一個社交媒體平台。我想首先要回答以下3個問題：

問題1：怎樣你才可以找出這批人？
問題2：這批人的存在可以做些甚麼？
問題3：如何將平台企業化？

朋友原來只希望幫助一下弱勢社群。但事實上，這個想法是很難實現的。因為如果單純希望依靠廣告收益運行網站的話，這未免過於理想化了。因為弱勢社群是沒有錢買東西。當缺乏購物動機時，想吸引別人下廣告就變得更難了。

朋友聽了我的話後，就說：「那把它當作慈善機構就可以了。」問題就出在這裡了。如果是慈善機構的話，根本就不會有商業模式了。這就是當中的巧妙處。任何一個商業模式（Business Model）最低限度一定要合理。當我們將一個網頁變成小冊子的時候，這一步只是給別人看的。要做到更高層次的操作，例如流程或顧客服務等。進一步來講，要將品牌從線下做到線上，就要把所有東西都改革。我們把這統稱為磚塊加鼠標（或稱「鼠標加水泥」，Click and Mortar）。

在這一點上，我們就可以看看在 2016 年成為熱話的案例。

個案分享：「雞，全部都係雞」——緊貼網絡熱潮　把握成功機遇

「雞，全部都係雞」在 2016 年是網絡熱潮，連明星、網絡紅人都爭相拍片自彈自唱；一個月後，這個話題卻已顯得 Outdated。這個現象正正反映了網絡世界的即時性、快速傳播和具爆發性的特點，如果能把握時機作出應變，隨時為品牌帶來正面而巨大的影響。

當互聯網不斷滲透到生活，網絡已經成為人們不可缺少的一部分。有

保險公司於亞太區 15 個市場進行的調查發現，每名香港人平均日花超過 3 小時上網，瞬息萬變的網絡威力實在不容小覷。筆者曾探討借助社交媒體監測（Social Media Monitoring）幫助管理網上聲譽，不過今次筆者想進一步跟大家分享從社交媒體監測網絡熱潮，從而轉化成機遇的案例。

事緣有網民於 2016 年 8 月 12 日在高登討論區以歌詞形式發布了「雞，全部都係雞」的帖子，出乎意料地都令大家聯想到 Richard Clayderman 演奏的鋼琴名曲《夢中的婚禮》，這份創意也頓成網絡熱話。8 月 13 日，有反應較快的網紅紅人如盤菜瑩子即以影片形式分享自彈自唱，為事件升溫，影片亦陸續於互聯網上瘋傳、轉載和討論。

當大家期待售賣炸雞的 KFC「出招」時，其競爭對手麥當勞卻搶先於 8 月 16 日在 Facebook 出 Post 成功「抽水」，造出巨大迴響，該 Post 除了有極高的投入互動率（Engagement Rate），背後的社交媒體監測數據更值得我們留意。

筆者分析「全部都係雞」現象期間的數據發現，KFC 的搜尋量（Search Volume）一直高於麥當勞，但在 8 月 16 日麥當勞 Facebook 成功抽水後，麥當勞的搜尋量首次出現逆轉，甚至於 8 月 17 日後開始大幅高於 KFC，成功為品牌帶來更多談論。另外，筆者亦留意到有網民留言提及麥當勞過去的一些口耳相傳（Word of Mouth）的負面報導，如雪糕機不清洗、麥樂雞高脂等，亦巧妙地給予麥當勞一個澄清的機會，他們透過其社交媒體，刊登的雪糕機的內部，證明是有定期清理；而且引用營養師的標準指出食品的營養表

等，告誡人們不要過量食用，使網民對其形象有所改觀。可見善用網絡熱潮，擊中爆點，能夠轉化成更多發展品牌的機遇。

傳統紙媒直到 8 月 18 日才廣泛提及事件，但事件已降溫不少，以往由傳媒主導的社會熱話，現今更多經由 Facebook、YouTube、討論區等醞釀及爆發，最後才「推上報」。互聯網的角色越來越重要，而且機遇處處，如果投放更多資源，配合社交媒體監測，把握一閃即逝的機遇去觸及目標客群，隨時為品牌帶來巨大效益。當然，品牌也要用心經營，建立口碑，避免被精明的網民反駁。

除此以外，我們還要講一講單一線上經營法（**Pure Play**）。

傳統的單一線上經營法是沒有線下模式的，亞馬遜（**Amazon**）就把線上、線下打通，融合兩者通路。**Amazon** 最早期是以賣書起家的，但因為運費很貴，在香港不太受歡迎。後來運費問題得以解決，書本一大批運到香港，運費自然就便宜，增加對消費者的吸引力，也證明了這個行銷模式是可行的。所以當我們看一個生意的時候，第一時間要看它的商業模式，了解其盈利模式。

很多香港公司事實上都達到單一線上經營法這個位置，需要的資金也很小。開設一個網頁是豐儉由人的，有俗語說的「平有平做，貴有貴做」。如果網頁要做到關於流程上面的，成本自然高很多。Enterprise 的話就更貴了，成本到達幾十萬，因此更少數人會做了。目前為止，只有幾間跨國企業會做 Enterprise。大部分的香港公司只是做單一線上經營法，因而成為了我們最常說到的幾個級別。

#4.1　Google Analytics（GA）在數碼行銷的地位

GA 的重要性

Google Analytics（GA）絕對是世界上最熱門的網頁分析（Web Analytics）工具，全球已經有超過 1 億個網站在使用 GA，而全球有 82% 的網絡流量都是用 GA 來計算的。毫不誇張地說，GA 已經佔據了整個市場。事實上，GA 的前身是一間網路安全公司，被 Google 收購並整合後成了今時今日的樣子。在我看來，這是 Google 最成功的收購之一。

而市面上除了 GA 以外，還有其他網頁分析工具，但它們大多為付費工具，而且價格也不便宜。為甚麼有 GA，這些收費的分析工具仍然能大行其道呢？主要是因為一些機構（例如金融、銀行及政府機構等）極其注重資料的私密性，而 GA 的伺服器位於 Google，未必能夠滿足到他們的需求。加上 GA 缺乏一些必要的功能，因此其他分析工具也有自己的市場。

GA 分類

GA 分為兩個版本，分別是普通版和 Premium 版（Google Analytics Premium）。

這兩個版本的最大分別在於流量。如果流量太大，普通版 GA 未必能夠提供足夠的支援，但這種情況只有在 eBay 或是 Amazon 這種級數的網站才會出現，而我們作為一般用家則不會受此影響；而另一個版

本 GA Premium 設有客戶服務，當你遇到一些技術問題需要支援的話，可以找技術人員為你解難。

GA 之構成

GA 分為以下幾個部分，分別是：

01. 簡單報表（Dashboards）：可以讓你清晰地看到一些最基本的數據。
02. 進階分類（Advanced Segmentation）：可將海量數據分門別類，讓數據整理得更加井然有序。
03. 實時數據（Real-time Data）：可以讓你監測實時的數據表現，例如當電視廣告播出後網站的反應等。
04. 自訂報告（Custom Reports）：用作數據分析，簡單的設定後就可輕易地匯出各種各樣的數據報告。
05. 路徑分析（Path Analysis，又作時段流量分析）：將數據時段化，可以看到不同時段的流量，當中的用家習慣，何時瀏覽了甚麼內容以及何時離開網站等。GA 能夠以不同的形式將數據表格化，方便大家閱讀。

講了這麼多，那麼 GA 到底可以告訴我們甚麼呢？綜上所述，我們可將 GA 的內容分為 5 大類：

1. 實時報告（Real-time）

你可以根據不同的需要選擇適用的報告。在受眾總覽（Audience Overview）中有一個非常棒的功能，就是把 GA 中的數據匯出為

CSV、TSV、Excel、Google Sheet 或 PDF 格式，讓你可以自己日後再進一步作計算。但作為一般用家，GA 本身為你計算的數據已經足夠了。

而另一個你不可不知的功能就是日期選擇器（Date Picker）功能，它可以讓你選取某段指定日期的數據，去和另一段日期作比較。善用這個功能，你就可以隨時看到網站在不同時間的表現，然後對不同的行銷計劃進行對比。

如果你想比較不同的數據，請特別留意這個功能。它可以對比網站流量（Traffic）和跳出率（Bounce Rate），顯示某段時間內這兩組數字的變化，以及它們之間的關係。這是平時會經常用到的功能，只要能夠細心留意到數據之中的互動變化，下一步行動就更容易掌握了。

2. 受眾報告（Audience）

在受眾報告的概況（Overview）中可以看到每日的一些主要流量，從中可以得到以下幾樣數據：流量從何而來、用戶的地理位置、用戶重複回來的次數、用戶的使用者體驗，以及他們是用甚麼硬體來瀏覽我們的網站。用戶訪問網站的所有數據都一目了然。

用戶報告：哪個瀏覽器最受歡迎？

Browser	Sessions ▼	Sessions ▼
	12,089 % of Total: 100.00% (12,089)	**12,089** % of Total: 100.00% (12,089)
1. Chrome	5,194	42.96%
2. Internet Explorer	4,850	40.12%
3. Safari	934	7.73%
4. Firefox	856	7.08%
5. Android Browser	89	0.74%
6. Safari (in-app)	41	0.34%

Browser	Sessions ▼	Bounces
	12,089 % of Total: 100.00% (12,089)	**2,315** % of Total: 100.00% (2,315)
1. ■ Chrome	5,194	66.52%
2. ■ Internet Explorer	4,850	13.35%
3. ■ Safari	934	9.46%
4. ▨ Firefox	856	8.68%
5. ■ Android Browser	89	0.56%
6. ▨ Safari (in-app)	41	0.04%

Browser Version	Sessions ▾	Bounces
	5,194 % of Total:42.96% (12,089)	**1,540** % of Total: 66.52% (2,315)
1. ■ 42.0.2311	**1,276**	20.32%
2. ■ 42.0.2311	**890**	12.60%
3. ■ 40.0.2214	**709**	36.10%
4. ▦ 43.0.2357	**553**	8.31%
5. ■ 43.0.2357	**312**	5.00%
6. ▨ 39.0.2171	**289**	0.58%

除了硬體以外，我們亦可以知道用戶是使用甚麼瀏覽器瀏覽我們的網站。上圖顯示，主要的流量來自 Google Chrome 和 I.E. 瀏覽器，所以如果日後網站有甚麼需要更新的話，就必須先考量這兩個瀏覽器了。

另外，我們甚至可以看到哪個瀏覽器的跳出率（Bounce Rate）最高。根據上圖顯示，Chrome 的跳出率最高，而當中又以 40.0.2214 版本最高。由此我們可以推測，這可能因為有些瀏覽器版本太舊，不足以支持我們的網頁。

於訪客流量（Visitor Flow）當中，我們可以看到不同地區有多少訪客，而來自香港的用戶，他們會先訪問哪一個頁面呢？之後又會停留

在哪一個頁面與網站進行互動呢？憑著以上數據，我們可以了解用戶的使用習慣，或他們對哪一些頁面比較有興趣，並據此作出改善。而且這項報告還可以進一步細分為不同的頁面，上面會顯示每一個細分頁面上的流量資訊，例如一些需要填寫資料的部分，我們可以看到用戶填到哪一項資料後會離開頁面，從而推斷出網站的問卷是否太長，並作出相應改善。

3. 接入途徑報告（Acquisition）

於接入途徑這項報告中，我們可以得知以下幾樣資訊：

A. 這些用戶是甚麼人。
B. 用戶如何找到你的網頁。
C. 用戶於你的網頁中做出了甚麼行動。
D. 用戶為你帶來了甚麼好處。

我們於接入途徑報告當中可以看到兩個月不同時段的流量比對，而更重要的是能夠弄清楚這些流量從何而來。我們將流量分為 4 大來源：

A. 直接鍵入（Direct）：用戶直接鍵入我們的 URL 訪問我們的網站。
B. 自然搜尋結果（Organic）：用戶透過搜尋引擎自然搜尋的結果。
C. 社交媒體互動（Social）：經由不同的社交媒體而來。
D. 網上廣告引入（Referrals）：經由 GDN、PPC 等不同的網上廣告而來。

接入途徑報告包括兩個重點，分別是：

A. 來源（Source）：即是流量從何而來。

B. 媒介（Medium）：即以上所說的 4 大流量來源（直接鍵入、自然搜尋結果、社交媒體互動和網上廣告引入）。而於接入途徑報告的總覽（Overview）當中，我們亦可以像在受眾報告中一樣看到每個來源的跳出率、頁面訪問量和及會話時間（Session Duration），從以上數據我們可以得知哪個流量來源的表現較好。

Acquisition Report – Plot Metric to Compare

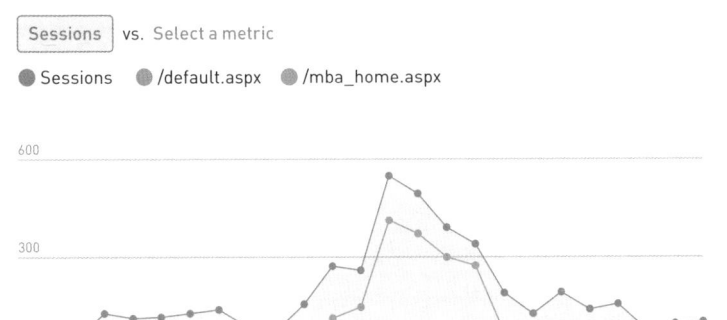

除此之外，我們還可以比對不同頁面於同一時間的流量，從而得知頁面的表現是否平衡；又或者如果看到某個頁面的表現比較突出時，可以再分析其原因。而透過網上廣告引入，則可以使我們獲知外部連結帶來的流量，它詳細地列出了這些流量是來自哪個網站，是否為新用戶或是用戶重複登入所帶來的流量等。

4. 網上行為報告（Behavior）

網上行為報告是指用戶來到我們網站做出過甚麼行為，除了看過甚麼內容以外，亦可以看到用戶的讀取速度以及於我們的網站搜尋了甚麼內容等。如果你想要為自己的網站做一些改進的話，該項報告可以為你提供大量數據，有助於你進行改進。

一進入網站目錄（Site Content）的所有頁面（All Pages），我們可以看到其總瀏覽量（Pageviews）。在這裡，哪一個頁面瀏覽人數最多一目了然，還可得知用戶對哪些內容最感興趣。而如果我們想知道用戶緊接著瀏覽的哪一頁面最多，可以點擊內容深入（Content Drilldown）。而在登錄頁（Landing Page），我們可以看到哪一個頁面的轉換率最高。

網站的讀取速度（Site speed）也是重要的一環，我們現時可以接受的讀取速度為平均 4 秒左右，底線是 7 秒，如果發現讀取時間長於 7 秒的話，那就要找出問題所在並作改進了。

當然除了平均讀取時間外，我們亦可以細看每一個頁面的讀取時間，而且 GA 可以將每個不同頁面跟平均標準作比對，看看每一個頁面的表現孰優孰劣。如果發現一些頁面讀取時間特別長的話，那麼我們就應該著手去作出改善。

網站搜尋（Site Search）的功能是讓大家知道於你的網頁之中，人們搜尋過甚麼內容。除了可以知道人們對你的哪一種產品最感興趣之外，亦可以從用戶的角度告訴你他們需要甚麼，以及你的網站有甚麼資料可以作補充。

頁面內分析（In Page Analytics）同樣是非常強大的工具，它可以記錄人們訪問網站時在不同位置的點擊率分布。這些數據除了讓我們知道使用者的習慣外，亦可以為網站帶來一些改進的啟示。

5. 轉換率報告（Conversions）

在轉換率報告的目標（Goals）部分，可以發現目標轉換總數（例如有多少人下載你的小冊子），而「目標」還包括其他內容，例如人們是否確實訪問了某個特定的網頁或者填寫了一些問卷等等。如果我們把預訂（Booking）當作轉換率，當每筆交易的價值為 1,000 元，那麼透過網上預訂數量，就可以得出其網站轉換率的價值。

Sessions by Source		Step 1 Download DBA Brochure	
(Direct)	3 sessions	3	100% of 3
Google	3 sessions	3	100% of 3
Yahoo	1 sessions	1	100% of 1
Total	7 sessions	7	100% of 7

我們可以看到不同的「目標」來源於何處，以及這些轉換率到底從何而來。簡單的看看這項報表，就能清楚地知道哪些管道可以帶來更好的表現。如果日後想要加強某些網站推廣的話，這些數據就可作為非

常重要的資訊。如果想要再詳細一點的話，透過這些轉換率還可以得知哪組廣告或是哪些關鍵詞帶來的。

多管道統計（Multi-Channel Funnels）可以讓大家看到不同媒體或來源為你帶來的協助總轉換率，並且看到用戶達到轉換率之前做了哪些動作。而這些「助攻」其實十分重要，因為如果沒有這些管道，最後的轉換率也未必能夠達成。雖然很多時候用戶不會在看到你的廣告或網站後的第一時間就去消費，但這些前期的廣告投放卻往往會影響到最後的網站轉換率。

但到底這些網站轉換率有沒有幫助，或又是怎樣幫助我們呢？如果網站轉換率已經這麼高，我們想再作改進的話又要怎樣做呢？要想知道這些問題的答案，我們就必須更進一步的去深入了解這些網站轉換率。我們先要知道這些目標是甚麼，再去了解網站轉換率的來源。只有當了解了這些情況之後，我們才會知道在這 62% 的網站轉換率中，有哪些是能給我們帶來收益的。

GA 運作全記錄

GA 究竟會怎樣去記錄這些數據呢？我們現在簡單地來看一下。首先，當一個用戶進入網站時，GA 會記錄他是來自哪個國家、哪個城市，然後再記錄該用戶是第一次訪問者，還是回訪者。之後，GA 會記錄流量（Session），即該用戶是怎樣接觸到該網站（如電郵、搜尋引擎、推介鏈接網站等）。有了這些基本資料後，GA 就會記錄用戶登錄的時間，以及他們於不同頁面逗留的時間、訪問了哪些頁面、是否跟該網站進行互動（如給你發送電子郵件、下載表格等等）。

GA 收集的數據分為數字數據（Metrics）和文字數據（Dimensions）。

其中數字數據包括產量（Product）、收入（Revenue）、會話（Session）、網站停留時間（Time on Site）、目標轉換率（Goal Conversion Rate）、轉換次數（Conversions）、頁面停留時間（Time on Page）、點擊次數（Clicks）、展示次數（Impressions）、每次會話價值（Per Session Value）、新會話百分比（% New Sessions）、跳出率（Bounce Rate）和唯一瀏覽量（Unique Pageviews）。

而文字數據包括瀏覽器（Browser）、國家（Country）、關鍵字（Keyword）、城市（City）、市場活動（Campaign）、登陸頁面（Landing Page）、來源（Source）、媒介（Medium）、操作系統（OS）、設備類型（Device Type）、年齡／性別（Age／Gender）和會話日期（Session Date）。

GA 的結構

GA 的結構主要分為帳戶（Account）、屬性（Property）及瀏覽量（View），我們可以用一個例子來簡單解釋這個結構。以香港理工大學（以下簡稱理大）為例，其主要帳號是帳戶，但由於理大旗下有很多不同的學系，如設計學系、工程學系等等，這些學系就會被歸類到 Property 之列。而 View 則是 Property 之下更多其他不同的網頁或迷你網站（Mini Site）等等。這樣我們就可以單單使用一個 GA 帳號看到你所需要的所有數據。

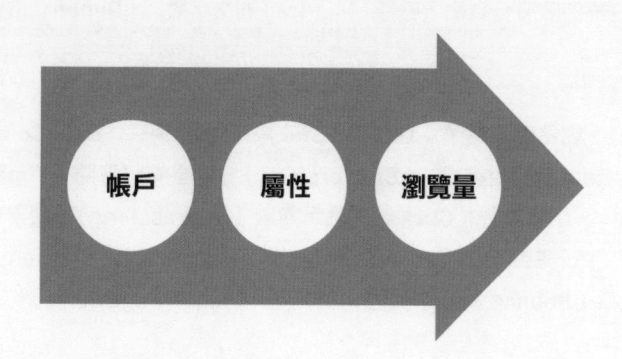

開始使用 GA 之前的準備

在使用 **GA** 之前，我們必須準備以下 **4** 個重要步驟：

1. 審計已定策略

實行任何計劃之前，必先掌握公司營運數據，及了解企業目標策略。

以一間本地旅行社為例，我們首先要了解它提供了甚麼旅遊產品。假設該旅行社的利潤主要來自一些亞洲國家的旅行團、機票及酒店預訂，甚至一些海外婚禮套餐；而我們可以通過其網站上提供的電話號碼及行程編排等等追蹤詳情。以往該旅行社利用報紙和雜誌作一般宣傳，而實施線上行銷策略後，我們必須重新訂立一套策略，例如電郵廣告、**AdWords** 或以手機為目標為主的行銷活動等。

在建立 **GA** 之前，我們必須先分析一下需要追蹤甚麼數據、如何追蹤，以及為何我們要追蹤這些數據。

2. 量身制定分析策略

了解企業目標後，要量身制定一套獨特的分析策略，以符合企業需求。

一旦做好了開始使用 GA 的準備，我們必須把一個 Java Script 放到網站之中，而每個網站也會有自己獨立的編號，這樣才可以記錄不同的數據。重要的是，要記住一點：單單於技術層面上為網站安裝 GA 是不夠的，因為這是幾乎任何人都可以做的事情。

更重要的是設立目標、設計自訂報告及簡單報表、設計 A / B 實驗，確保客戶可以進行自己的行銷活動，再找出更多不同的方法來增加計劃的獨特性等。GA 用得好，就能為你的客戶提供一個無與倫比的解決方案。因此，如果只是於技術層面上為網站安裝 GA，絕對會令你和你的客戶錯失一個大好的機會。這也正是必須進行前期的審計和策略工作如此重要的原因！

3. 分析出洞見

在進行數據分析的過程中，必須持續監察進度，以洞察令人信服的細節，並對不足之處作出改善。我們現在以一個簡單的電郵行銷作例子，來計算一下其投資回報（ROI）。以兩個不同的主題發送兩封電郵，兩封電郵的內容和發布時間完全相同。我們可以於 GA 中看到電郵帶來的流量、轉換率及流量的等效價值。

Campaign	Sessions	Goal Conversation Rate	Per Session Goal Value
email-v1	**1,258** (15.20%)	1.93%	$0.15
email-v2	**1,225** (14.80%)	1.68%	$0.13

	訪客人數	價值	日月	
email-v1	20,000	0.15	3,000$	9,000
email-v2	20,000	0.13	2,600$	7,800
			相差	$12,000

驟眼看來，雖然兩個不同的電郵主題的等效價值似乎沒有太大的差別。但電郵行銷不是一次性的短暫行銷活動。從長遠來看，如果計算我們每天發送的電郵數量，再乘以不同主體電郵等效價值的每日差異值，兩個不同的電郵主題所帶來的差距就非常明顯了。

Keyword	Sessions	Goal Conversion Rate
	15,665 % of Total: 4.71% (120,250)	**4.98%** Site Avg: 9.92% (50.57%)
travel agency HK	**7,712** (12.57%)	1.39%
overseas wedding package	**1,631** (2.14%)	7.53%

讓我們再來看一個例子，看看搜尋關鍵詞帶來的 ROI，因為如果我們做搜尋引擎優化（SEO），每個關鍵詞都會有自己的價值。

於上圖我們可以見到，關鍵詞「Travel agency HK」帶來的流量遠高於「Overseas Wedding Package」，但於轉換率上，「Overseas Wedding Package」則大大高於「Travel agency HK」。

由於「Overseas Wedding Package」這組關鍵字相對具有較高的獨特性，其 SEO 的成本較「Travel agency HK」更低，加上其轉換率更高，因此更加值得嘗試。

以上這些例子都是透過 GA 數據洞察端倪，從而作出投資回報較高的商業決定。

4. 重複以上步驟，定時更新目標。

GA 的運作

為了讓 GA 可以對你的網站進行追蹤，你必須先把個人 GA 追蹤代碼
（Personal GA Tracking Code）安裝到網站的每一個頁面，而安裝
完成幾個小時後，你便可以開始接收到數據。

當用戶到達你的網站時，他們所做的第一件事是向你網站的伺服器請
求頁面。如果一切正常，你的網頁伺服器將繼續運行，成為該頁面
返回給用戶的瀏覽器。而當你的網站的所有頁面都加入 GA Tracking
Code 後，GA 就會在用戶的一端運作，這就是我們所稱的「客戶
端」。用戶於每一個頁面中查看時，每個人的瀏覽數據都會被發送到
Google 伺服器上。在那裡，數據被處理成可以在 GA 上看到的詳細
報告。

如何建立 GA 帳號

接下來我們將會一起學習如何使用 GA。首先，我們必須先登陸
http://www.google.com/analytics/，在這裡我們可以選擇用現有的
Google 帳號登錄，也可以開立一個新的 GA 帳號。實際上，一般的
Google 帳號已經擁有 GA 功能，所以如果你已擁有 Google 帳號的
話，就不需要特地開立一個 GA 帳號。

當開始創建一個 GA 帳號時，需要填寫一些基本資料，例如你所想追
蹤的是網站還是手機應用程式、你的登錄 ID、網站名稱等等，而把
所有資料都填妥之後，就可以得到前文提到的個人 GA 追蹤 ID（Per-

sonal GA Tracking ID）及追蹤代碼（Tracking Code）。只要把那段代碼添加至你想追蹤的每一個網頁頁面，最基本的設置（Set up）就可以說大功告成了。

GA 為我們提供了大量數據，但其中有多少為我們所用呢？絕大多數人只會注重網站的流量及到訪次數等，但較少關注這些流量的內容及來源人。一些比較高階的用家會留意網上行為方面的內容，去分析人們於網站中的行為數據。但懂得正確利用或者解讀轉換率的不是太多，而其實這才是最重要的一環，因為轉換率可以讓我們知道這些流量到底可以為我們帶來多少實際的收益。

如果沒有 GA 的話，行銷計劃的表現就會難以衡量，而只要通過計算得到一些簡單的數據，例如點擊率和點進率（Click-Through-Rate，簡稱 CTR），就能對行銷計劃的建立提供很大的幫助。另外，GA 的建立過程並不複雜，只要透過簡單的步驟就可以得到一些顯而易見的成效，以及一些獨一無二的解決方案。當然，很重要的一點是，這個企業級的數碼分析工具是免費的。而且 GA 應該還可以免費用上一段時間，所以如果你還未使用過 GA，不妨試試這一工具，真所謂「有心唔怕遲」。

#4.2　GA 行銷全攻略：數碼分析（Digital Analytics）

於這個章節我們會向大家講解甚麼是數碼分析（Digital Analytics），前面已經教導過大家如何使用 GA。不論你用過了 GA 了沒，經過這一章節後，希望大家都可以對 GA 有一定的了解，並且可以善用 GA 去對你的網站進行數據碼分析。

首先我們要了解甚麼是數碼分析（Digital Analytics）。根據維基百科的解釋，數碼分析是量度（Measurement）、收集（Collection）和分析互聯網數據，以改良網頁。

簡單來說，數碼分析就是有把一些主要來自於互聯網的數據收集、整理、計算及分析，希望大家可以憑這些數據去明白及改良互聯網的應用。舉個簡單例子，如果我們看到網頁的流量大多數是來自手提電話，但是你的手機頁面卻未足夠用戶友善（User-friendly）的話，那麼你就應該要著手改善手機版的介面了。

而善用數碼分析還有一個好處，就是像以往可以提高網站的流量以外，更重要的是改善網站的轉換率。簡單來說就是提高用戶於網站中的消費的機率。

於 Digital Analytics 之中，我們希望得知的並不單單是點擊率、瀏覽量等片面的數據。更重要的是尋找這些數據之中的有趣之處，以及背後容易忽略的資訊。數碼分析並不單單是數據，因為於這個大數據年代，我們從來都不缺數據，但就算你有海量的數據卻不知其背後意義，這些數據絕對是得物無所用，要學懂如何於數據中洞察得到一些

關鍵要素，這麼數碼分析才可確實的幫助到你。而有了這些數據及關鍵要素後，我們會採取甚麼行動去提升對公司或是顧客的價值，這才是數碼分析的重要之處。

舉個簡單例子，如果我們用 GA 看到於內地的網站流量很高，可是轉換率（消費）卻很少；而台灣網站流量相對比較少，轉換率的百分比卻比內地高。得到這個關鍵貼士後，我們把 20% 於內地的網上廣告資金投放到台灣之上，就可以有更好的成效。

數據收集 —— 大數據
Digital analytics 的第一步即是數據的收集，也就是近年來流行的「大數據」。大數據不僅僅存在於互聯網與社交媒體之中，傳統製造行業中的大數據也越來越盛行。

個案分享：無人駕駛汽車的「大數據」

繼電動車日漸普及後，相信下一個汽車業的破壞性創新（Disruptive Innovation）的浪潮必定是無人駕駛的汽車。Uber 在美國開始測試無人駕駛的的士服務，並邀請 1,000 名市民來體驗這服務，據說民眾的反應讚譽居多，我相信這只是無人駕駛普及化的前哨戰！

很多人都有個誤解，以為「無人駕駛」的優勢，僅在於電腦取代了司機的位置，這就大大忽略了這浪潮的威力！無人駕駛的汽車，其實是一台具有人工智慧的移動電腦，結合了地圖、App、無線網絡、攝

錄機、全球定位及感應器等於一身。早前有研究指出，一輛無人駕駛的汽車，在路上行駛時每秒就製造出 1 GB 的數據。除了像是「行駛記錄儀」外，也包括記錄路上的情況、汽車內部零件狀況等，實在是一台「大數據」（Big Data）機器，而「大數據」的分析與應用，定必又是兵家必爭之地。

最顯然而見的應用，是在於智慧駕駛：在路上行駛時，無人駕駛的汽車可以透過互聯網聯繫起來，運用位置、行駛速度及目的地的大數據，能夠實時計算未來的交通情況，預測塞車的位置，並且藉此按著最省時間和最順暢的路徑駕駛到目的地。在人手駕駛未能完全被取締的年代，電腦可以分析司機的駕駛「大數據」，就駕駛習慣、路徑提出建議。

在市場推廣上，這是一個「藍海」（Blue Ocean），不論是我們平日去甚麼地方、逗留多久，或是喜歡選用甚麼路徑、獨自去還是一家人去，這全是「大數據」。在無人駕駛的年代，商戶藉著分析這些客戶資料（Customer Profile），可以提供更個人化和人性化的推廣。例如你最近經常一家人去沙灘，你的車輛藉著分析你的習慣，可以聰明地向你建議沿途售賣水上運動用品的商店，又或是前往該沙灘的人常會去的餐廳。

在城市的層面上，無人駕駛將提升車輛及道路使用的效率。無人駕駛的汽車以車隊方式前進（有別於真人駕駛的車輛需要保持安全距離），代表著道路的效率大大提升，道路、泊車的空間可以更為集中，有些空間可以騰出作其他用途。可想而知，這不單是改善了交通和生活，而且城市的面貌也必隨之改變。

大數據變成了一種有市有價的商品。然而，市場上不同的大數據資料擁有人，對於交易抱有不同取態。這可分為 3 類：交易絕緣者、市場參與者和價值輕忽者。

交易絕緣者，是指資料擁有人覺得自己的資訊獨特和極具重要性，若把它們流出市面，則有可能失去本身的領先地位，所以不願進行相關交易。以萬事達卡為例，由於公司早已為多間銀行和商家提供服務，手握超過 600 多億交易紀錄以推斷消費者行為，於是該公司選擇自己分析數據，然後根據結果發展其他商機。

至於市場參與者，是持有人知道自己的資料是有市場價值，所以願意在合適的條件和市場價格下出售它們，例如全球第四大機票購票網站「ITA 軟體」則屬於這類。ITA 認為公司應該把資料只集中用於賣機票的業務上，不作其他用途，所以願意將手上的大數據賣給其他公司。

而最後一種是價值輕忽者，他們往往只知手上的資料具有某種價值，但忽略了它們的潛在價值，所以不介意交出手上的資料，換取其他利益。再以信用卡為例，不少美國中小型銀行覺得處理信用卡欺詐成本很高，所以將這業務和有關資料轉往大型金融機構處理，結果像 MBNA 這種資本雄厚的美國銀行便可一間公司獨大，囊括大部分市場業務。

話說回來，香港的大數據仍是個有待完善的龐大市場，私營機構可用作提升業務增長；公營機構可用作掌握犯罪資訊。假如要推動香港大數據的發展，政府則需要投放更多資源於建立一個穩健及公平的資料

交易機制，讓父易者得到保障，從而孕育更多市場參與者投入其中。

數碼分析

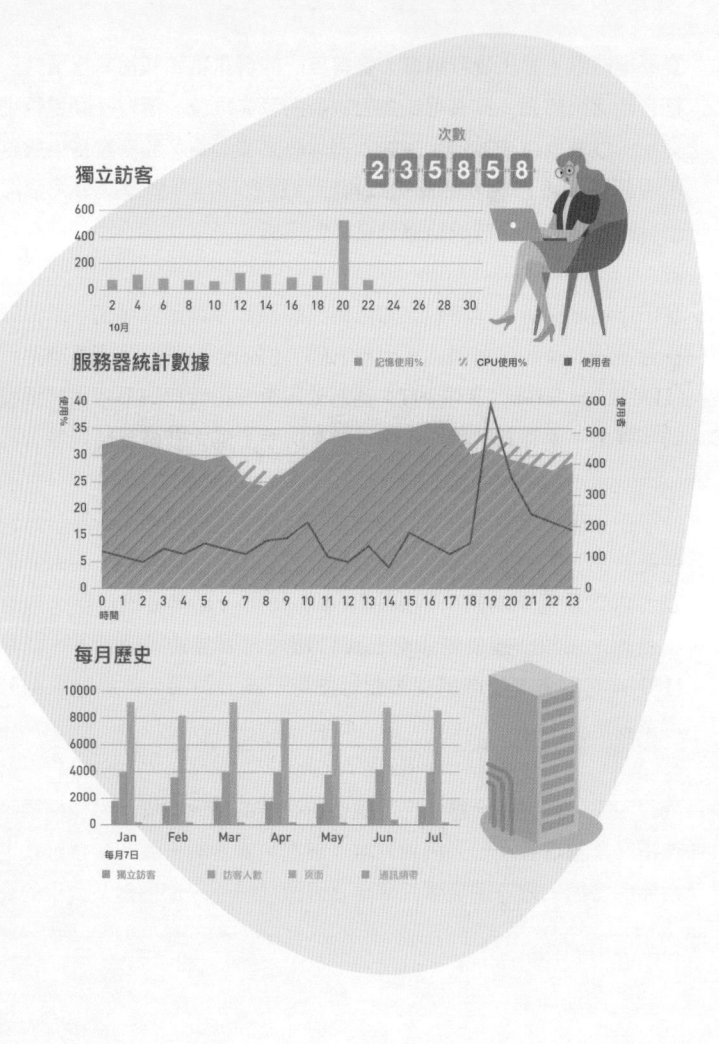

我們可以在左圖看到 Digital Analytics 的進化。使用互聯網年資比較長的朋友可能有看過，左上角的那個點擊計算器，用途就只是計算整體網站點擊率。及後時間，我們開始可以收集到不同時段的使用者流量，而且是不重複的，這樣我們可以更準確地看到網站不同時間的狀態。而去到 2001 年科網泡沫開始，網站開始可以得到使用者的頻寬資料，但其實以上這些數據主要都是一些技術性的數據，而非行銷數據，對於改善網站並沒有多大的作用。

來到今時今日，數碼分析的進步非常神速。於這個數據的新時代，我們能夠得到更多不同的行銷數據，而這些數據本身如何變現？如何支持不同的商業決定？這正是數碼分析發揮作用的地方。

個案分享：天氣大數據有何潛在價值

IBM 曾於 2016 年大手買入不少氣象公司，當中包括 Weather.com、地下氣象新聞網站及其龐大的氣象數據庫，其後更對外宣布，計劃進一步擴大規模至五大主要市場，包括中國、日本、印度、巴西及墨西哥，目標是於未來 3 年增加數億的全球用戶群。

IBM 花費數以 10 億計的美元買下氣象公司，目的何在？答案就是看準了氣象資訊產業化的潛在價值。

氣象資訊產業化潛力之大，在於它能涉及多個與氣象有關的行業，如農漁業、餐飲業、保險業、空運海運業、旅遊業、公共工程業等等。

天氣會對這些行業的銷售形勢、庫存、促銷規劃產生深遠的影響。

正正因為它們對於天氣預測的依賴性甚高，所以理論上，只要得到越快越準確的資料，則越能贏在起跑線上，幫助企業作出更佳的業務策略。

而 IBM 如今不用租賃氣象數據和相關的數據篩選技術，而是直接擁有它們，這意味著 IBM 能夠與各種跟氣象有關的行業持續合作，透過出售公司的氣象數據和預報服務，從中獲取更大的利潤。

以貨運業為例，該行業能透過購買 IBM 的實時天氣數據，接收某地關於暴風雨的資訊，能夠提醒司機們遠離該預期路線，繼而保持甚至強化公司的競爭優勢。

不難想像，只要善用手中的天氣資訊，IBM 能夠從中帶來莫大的經濟利益。而更重要的是，相對於其他大數據的競爭對手如 Google，IBM 投資在氣象數據上的比重高出接近 100 倍，成為這方面的業界先驅，這代表在往後的日子，IBM 更輕易立於不敗之地。在往後的日子，IBM 如何開展其氣象資料產業，實在叫人拭目以待。

個案分享：善用 CPA 讓你的行銷最大化

之前有幸受 Google 邀請，參加了他們跟香港大學合辦的「Understand Digital Marketing & Analytics in a Day」講座，跟聽眾分享一下筆者在香港做過的一些案例，讓大家對如何活用網路行銷及資料分析有更深入的了解。於講座上我分享了一個香港其中一個旅遊點為例子，為大家解構如何活用網路廣告收費模式去讓行銷最大化。

網路常見的廣告收費模式主要為 CPC（Cost-per-click）和 CPM（Cost-per-impression/mille），前者是以每個點擊率去計算收費，而後者則是按廣告條每顯示 1,000 次的費用去收費。而今次我們為客戶選擇了用 CPA（Cost-Per-Acquisition），計費方式為廣告投放「實際」效果才收費。但甚麼是實際效果呢？以今次的例子為例，如果客人經廣告再去消費的話，那當然是一個實際效果，但如果他們經由廣告看到開放時間、門票價格等可能引導消費的實用資訊，那亦會計算一個 CPA。相對於較為泛用的 CPC 及 CPM，它們主要是用來增加網站流量，每次收費就只有一次效益。而 CPA 主要是提升轉換率，一次收費後可以帶來永續性的收益，而品牌亦可以最大化廣告效益。

當然，不是每一個品牌都適合用 CPA 去投放廣告，大家應針對廣告的目標去作不同的選擇。例如想提升品牌形象，讓更多的消費者了解自己的品牌，那 CPM 會是一個不錯的選擇。如果希望提升活動互動率的話，CPC 就可以讓你享有到更好的效益。而希望可以藉著廣告去達至實際消費效果的話，那麼 CPA 就應該可以幫助到你。

#4.3　SEO 與 GA 的協同效應

SEO 跟 GA 到底是如何取長補短的呢？以上是一個基本的 SEO 計劃方向，基本上分為 8 個步驟。而於確定基準點（Benchmarking）、表現概要與流量分析（Performance summary & traffic analysis）及持續改良（Ongoing Optimization）中，GA 都扮演著重要的角色，必須透過 GA 取得的數據才可以完成以上的 3 個步驟。

搜尋引擎最佳化(SEO)關鍵績效指標例子

目標	度量	對度量的影響
增加造訪人數	絕對不重複訪客	增加
增加流量	造訪	增加
增加會員造訪	回流造訪	增加
增加銷售	交易	增加
增加引導	聯絡我們表格(目標1)	增加
增加新的造訪	新造訪的百分比	增加
增加網頁互動	平均網頁檢視	增加
減少短暫造訪	退回率	減少

於確定基準點時，我們可以訂立以上的一些目標，從而於 GA 之中找到相對的數字數據，用以衡量我們網站現時的表現及將來的發展。

最後請務必謹記，SEO 並非一個一次性的項目，而且市場的競爭格局一直在不斷發生變化，如果你希望跟上競爭對手的腳步，就必須不斷改良搜索，瞄準新的關鍵字和新市場，從而達到最終目標！

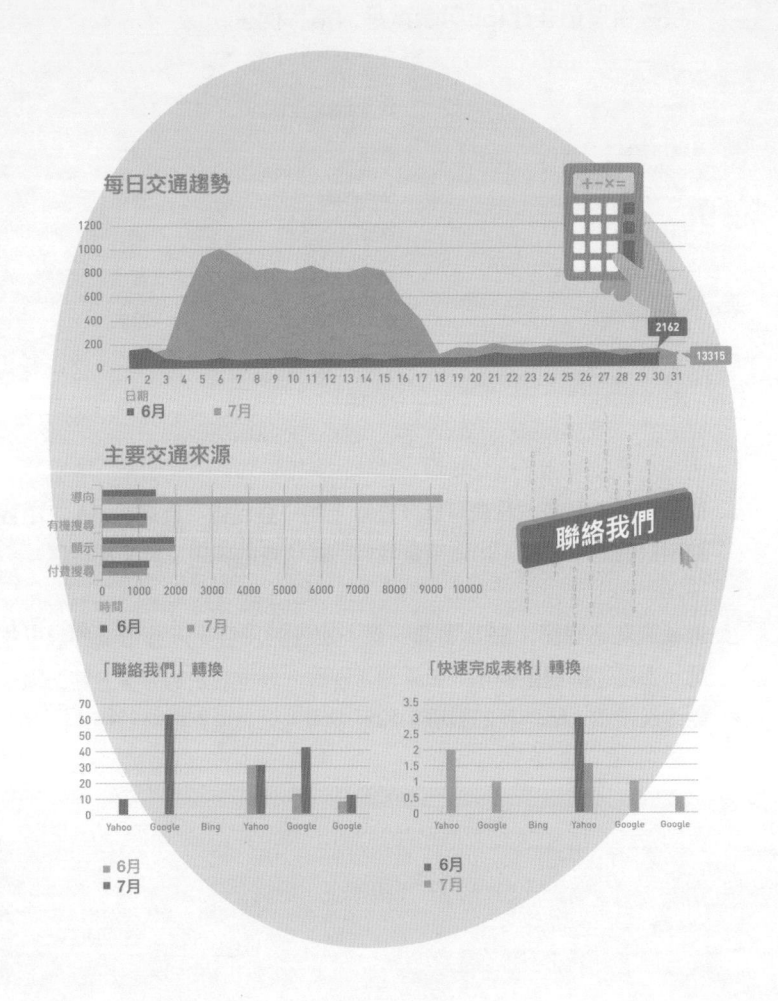

#4.4　SEO 未來趨勢

窺探 Google 倫敦會議未來趨勢的秘密

於 2017 年 5 月，Google 在倫敦發布了其重頭戲——Google Cloud Next Conference，邀請技術負責人、開發人員和 IT 決策者，探討 Google Cloud Platform 的概念與應用。筆者有幸被邀請，親身前往倫敦，一探 Google 最新技術的發展。

以往在推出網上商店之前，企業首先需要規劃 IT 基礎架構，估計高峰期時最高的瀏覽人數及使用率，然後購買足夠的伺服器，以應付龐大的瀏覽量及維持平台的穩定性。然而，創建網路平台之初，很多時候難以估計網站的受歡迎程度及最高用戶人數，若果太樂觀，購買過多的伺服器，則會造成浪費；相反，IT 架構規劃不足，則無法處理需求，錯過大量潛在收入，為品牌帶來很多負面的聲音，如平常搶購機票為例，一旦「死 server」則令整個宣傳計劃適得其反。所以，在未推出網上商店前已經花了巨大的人力及投資。

現在，Google 的雲端技術可以在幾分鐘內建立虛擬伺服器，可以隨需要的增加而擴大。當網上商店瀏覽量突然大量增加時，雲端技術將會即時複製伺服器，允許網站容納更多的人潮。傳統的數據倉庫及數據中心共址將逐步被雲端技術所淘汰。

正正因為 Google 有龐大的運算能力，雲端平台更可以容納人工智慧（Artificial Intelligence，簡稱 AI）的應用，讓 AI 技術得以開放給大眾使用，即使大眾未必了解 AI 複雜的運算方法，但亦能透過 Google

的平台接觸人工智慧的應用。或許你會認為人工智慧很離地，事實上人工智慧的發展和應用比我們所設想的更為強大，AI 已在很多領域廣泛應用，其中如 Google 的翻譯，加入 AI 系統後，翻譯時會考量整個句子的語境，大大提升文意流暢度。

除了 Google Cloud，很多科技巨頭一直都有提供雲端運算平台，如 Amazon Web Services、Alibaba Cloud 及 Microsoft Azure，雲端市場的競爭越來越激烈，各家廠商都積極發展雲端技術及應用，以擴大營運版圖，吸引更多使用者加入雲端運算的行列。在這風雲時代，各個雲端服務供應商都各有千秋，就讓我們拭目以待誰能成為行業領頭。

最新雲端技術怎樣為創新科技帶來強大支援？

上文提及早前筆者參與 Google 於倫敦舉辦的雲端會議，了解其突破性的雲端技術發展。於未來的日子，Google 將會大力發展虛擬伺服器技術，期望佔據更大的雲端服務市場。

Google 的四大服務：雲端存儲服務、運算引擎、開發和運行應用程式的引擎、數據分析的 BigQuery 及機器學習工具，能支援不同企業的需求，節省成本，因此吸引不少科技創意公司的注意。

風靡一時的 Pokémon Go 就是受益於此服務的一例。它能容納大量玩家同時在線，實歸功於 Google 的虛擬伺服器。Pokémon Go 上架後，它的虛擬實境的趣味性和強大的社交潛力，一度吸引大量玩家下載，令開發商始料不及。原設的伺服器本來無力應付蜂擁而至的玩

家，但後來幸得 Google 迅速組建虛擬伺服器，最終轉危為機，助任天堂一舉翻身。

另外，Snapchat 於 2017 年亦以 20 億美元與 Google 簽約，成為雲端平台的最大客戶。Snapchat 很有機會透過 Google 度身訂造的 App 引擎，享用其打造軟體的工具和服務，並且有效應對不同的流量變化，大大增加 Snapchat 的競爭力。

從前創業往往需要龐大資金及專業技術，使香港不少有志創業的年輕人止步，但如今創新科技推陳出新，打破了固有局限。Snapchat 的創辦人正是成功例子，他有創新意念、技術、市場觸覺及認知，最終即使沒有強大資金也能跑出。有意創業的年輕人應多了解全球技術發展，積極求變，方能突圍而出。

總結

正所謂知己知彼，百戰百勝，在數碼行銷亦如是。除了要了解自身對推動數碼行銷的動機及目的外，Google Analytics 亦是一個能有效地了解用戶資料的利器。透過 Google Analytics，用戶的行為模式、興趣內容、閱覽資訊等重要數據均會被記錄，即是你除了可以得知用戶看過甚麼內容以外，亦可以看到用戶的讀取速度，以及於你的網站搜尋了甚麼內容等。那樣可以有效地改善自己的平台。可不要小看這些數據的價值，現在有很多企業非常重視這些數據（「大數據」），因為透過這些「大數據」，可以針對用戶的購物及消費模式，作出相應的數碼行銷手段，從而增加銷量，因此它們的商業價值是不容忽視的。

你對哪一幅圖較感興趣為什麼？

數碼行銷如何影響公關行業

▶

自 2015 年起，香港網民眼見不少機構均爆發各類型的公關（Public Relations，簡稱 PR）災難，於是有創意地將「公關」二字倒裝成「關公」，稱之為「關公災難」，更不時笑稱「畀關公抖下得唔得」。其實大部分的公關危機，往往是突如其來和難以預測，而我們總不能等到危機發酵了，才作出相應的部署，卻需要於事前做好準備。

這類危機通常分為 3 個初期階段：1 是潛伏階段，只在少數認知的層面；2 是衍生階段，方始得到廣泛認知；3 是擴散階段，事情被迅速於網上廣傳。我們必須在這段時期之內作出適當的行動，若然拖延至危機完全發酵，那麼之後便很難力挽狂瀾。

近年甚為廣泛的反面教材，莫過於宏利保險職員以 500 至 700 元，請人拍 3 條「上太空」的短片，作為公司晚宴之用。後來事情被迅速廣傳，甚至成為各大品牌二次創作的題材。

其實在這段關鍵期間，即時性的媒體聆聽（Instant Media Listening）扮演著非常重要的角色。因為它可以在「關公出現之前」，盡早了解及關注到可能會傷害和影響品牌的消息和資訊，例如在網上找出相應的關鍵字，讓我們發現到底有何潛在威脅，方便迅速地作出反應。

假如當時宏利透過這些媒體聆聽取得有關的資訊，反省其社交平台的評論，評估問題的嚴重程度，調查及找出究竟甚麼因素構成這個潛在的公關危機，接著通過與事情之中的對象接觸和對話，取得更多的了解，於行動升級前已經採取適當行動，例如向公眾道歉及承認行為不當，那麼事情可能在擴散階段前就能平息。

然而，宏利沒有意識問題的嚴重程度，未有及早聆聽、分析和行動，導致事件後來一發不可收拾，對品牌形象造成一定傷害。不過，這也正好印證，即時性的媒體聆聽的確極為重要，需要防患於未然。

其實處理公關危機，成功之道往往就是反應夠快，其餘的一切只是其次。快速、高透明度、懇誠和具建設性，正是現今我們面對危機時，最需要學習的公關技巧。

#5.1 網上公關須知

現在流行說「關公災難」，大概是因為公關操作出錯。但由過往的公關行內天書，教人怎樣做好公關，到今日現代人整天機不離手，上網的時間遠遠超過線下的時間，連帶整個公關行業的概念都改寫了。

個案分享：聆聽品牌消息工作趨全球化

在全球化影響下，同一品牌於不同地區的新聞和公關事件會互相影響，正所謂牽一髮動全身，品牌於任何國家的相關資訊也不容忽視。在發布任何廣告和消息前，應先留意自己品牌在其他地區的最新消息，否則踩著地雷，公關便非常繁忙了。

以 Samsung Galaxy Note 7 為例，手機 8 月中上市後，在各地陸續發生懷疑電池爆炸事件。Samsung 於 8 月 31 日宣布韓國回收有問題手機及停止發貨，翌日已有香港媒體報導 Note 7 韓國停售的新聞。當已預訂的香港準用家苦等香港 Samsung 回應之際，其 Facebook 在 9 月 1 日只出現一則 Note 7 的廣告，如此一來，網民便紛紛在回應欄查詢、張貼懷疑爆炸及回收的新聞、留下負面評語等，短短兩日已有過百則回應，變相將負面消息長期置頂。而香港 Samsung 在 9 月 2 日才於 Facebook 發聲明，指香港發售之 Note7 不受影響，不過很快又成為網民發表攻擊言論的平台，而且比廣告的帖子更甚。

有網民笑言「關公真係好唔得閒」！如果香港 Samsung 在發布廣告前，留意到其他地區的負面新聞而抽起廣告，便可避免一連串網民的留言攻擊。有分析師認為今次事件「對 Samsung 品牌的潛在傷害，比短期的經濟損失要來得多」，但外界普遍對 Samsung 回收全球有問題手機的果斷大膽決定持正面評價。

由此事件引申出一個值得探討的課題：公關的回應到底要有多快？其實公司內部可設定一個機制，將公關事件分成不同等級，越嚴重的事件級別越高，回應時間也要越快。本次 Samsung 的事件，因涉及到用家安全問題，應是較嚴重級別，最好在韓國宣布回收後兩小時內發聲明回應，避免影響香港潛在買家對 Samsung 的印象。

值得一提的是，網上消息很多時都比傳媒快，不過本次事件卻是傳媒報導來得更快。所以無論是網上各平台或是傳統媒體的報導，以致品牌在任何地區的相關消息，都不可遺漏。看來日後公關對品牌消息的聆聽也要全球化，工作越見繁忙了。

———————————————————————————

現代公關與傳統公關處於新舊交替，同時又相輔相成的局面。科技改變了整個公關行業的運作，互聯網的興起促使了公關行業的大改革。無論是數碼行銷，還是數碼品牌，數碼災難，行內人都意識到整個行銷局面正在不停改變。

現代公關考慮的不只是線下的形象，更要懂得創新，相對的應變危機時間也變得更少。要繼續在公關行業站得高，而不是墜落成為關公，

就需要轉型，需要有迅速的解難能力之餘，也需要有能力快速及冷靜地解決事件。現代公關對品牌形象的影響力龐大，所以品牌有必要謹慎的選擇公關公司，因為是要對他們委以重任的。

品牌建造猶如小鳥築巢。全球第一間廣告公司智威湯遜（J. Walter Thompson）總裁 Jeremy Bullman 曾說過：「Consumers build an image [of a brand] as birds build nests. From the scraps and straws they chance upon.」

以上金句表示：廣告形象的建立與消費者息息相關。消費者從不同地方接收和累積資訊，而這些資訊對企業形象起著關鍵性的影響。企業形象是透過一點一滴、零碎的資訊慢慢拼湊而成的。消費者透過這些七零八碎的資訊，在他們心目中慢慢形成對品牌的印象，品牌形象（Brand Perception）就是這樣建立的。

除了要在線上及線下的互相配合外，迅速的反應及創新的理念對現今的公關而言是缺一不可的，而且只是內在條件，想要在現今資訊爆炸的年代突圍而出，外在因素亦是非常重要的。接下來將會講述現今公關所面對的 4 大外在因素。

#5.2　公關 4 大外在因素

再說回現今公關，有 4 大外在因素：

01. 資訊傳遞更快，有突發事件發生的可能性也隨之增加。公關災難牽涉的層面也從紙本媒體一躍至網上平台。因此公關災難在這幾年才開始受到大眾的關注。

02. 網民的意見變成不可忽視的一個因素。品牌有需要沿用傳統公關，但網上的公關技巧也是不能忽略的。你在網上可以知道其他人對你的品牌的想法，以及學習到處理危機的技巧。

03. 互聯網裡面也可以說是機會處處。互聯網熱門話題（Online Hot Topics）更加成為了媒體的新寵，熱門話題已經成為了各路媒體的必爭之地。

04. 由於互聯網沒有界限，人與人之間的互動變得更加即時，公關災難何時發生，因何事發生也是無從得知，無從預測的。現今的公關需要以有創意的方法吸引用家，把觀眾連結在一起。更值得留意的一點是，線上線下公關角色的異同變得更加鮮明。

在以上 4 點中，我們可以歸納出一個重點，那就是互聯網的出現徹底改變了公關這個行業，互聯網使資訊傳播得更快、更廣、更深，因此若公關能夠善用互聯網這兩面刃，想必能無往而不利。但是一不小心使用，那將變成對自身造成損害，相關例子將會在下文中提及到。

#5.3 搜尋引擎是友是敵？

搜尋引擎對於公關也有很大的影響。舉一家餐廳的真實例子，顧客與店員發生爭執，因為店員不合作的態度，影響顧客的用餐體驗，而碰巧該名顧客是一個業餘 Blogger。如是者，他在網上不同的平台，例如論壇、網誌等，寫下餐廳不好的評語，然後事件一傳十，十傳百。但餐廳對這些評語置之不理，亦沒有做出任何回應。

一開始，生意額只是有稍微的下降。但幾個月後，影響開始擴大。當在搜尋引擎搜尋該餐廳時，最高搜尋結果包括顧客對該餐廳的劣評。

這些劣評開始對餐廳的生意額有明顯的影響，一如所料的下滑。在此時，餐廳才了解問題的嚴重性，於是他們希望可以力挽狂瀾，開始從顧客方面著手，向他們道歉，希望他們移除不好的評語和寫一些中和的評語，這可以稱為「Comment Neutralization」。不幸的是，劣評仍然停留在搜尋結果的首幾位。儘管如此，餐廳最後還是倒閉了，因為補救措施做得太遲了。

市場人士難以控制消費者的想法。顧客的購買行動又涉及更多的考慮因素，例如朋友之間交流評價（Peer Reviews）、更多的選擇（Competitive Alternatives）、不同的網上建議（Recommendations），以及為用家而設的內容（User-generated Content）。

以上例子告訴我們，網上媒體可以說是現今最快傳播資訊的方法，但搜尋引擎的威力也很強大，必須重視搜尋引擎的重要性。

#5.4　傳統公關與現代公關大不同

傳統公關給人的感覺較正式，有一套固有的運作模式，發放資訊的管道一般也是透過官方新聞稿。相比之下，現今公關的發展沒有受到那麼多的掣肘，發放資訊的方法也趨向多元化，例如網上的多媒體資訊，以創新的方式表達。

以宜家傢俬的瑞典肉丸為例。肉丸在捷克被傳出有馬肉成分，IKEA一方面以正式的聲明來澄清時間，算是傳統公關的一般做法。而在網上的社交平台則以有創意和動之以情的方法向公眾交代事件，貼文裡「思念肉丸」的字眼可見他們嘗試打「情理牌」獲得公眾的原諒。以上兩種取向反映了傳統現今公關的大不同，交代的手法也是不一樣。

建立聲望 3 大法則

如果想要在互聯網建立聲望，有 3 大法則需要遵守。

01. 聆聽所有的社交媒體的消息。
02. 搜尋引擎對你的品牌的解釋：搜尋引擎反映了真實的用家體驗，控制不了，只能透過自己平常的觀察。
03. 商家對自身品牌的解釋：透過品牌對自身的介紹，在互聯網教育消費者。

讀者不難看出傳統公關與現代公關的差異，傳統公關一般較為正式及古板，反應時間較長，而現代公關則較為輕鬆及幽默，反應時間迅速。然而並不是代表傳統公關現在不再適合，而是要兩者互相配合，取得中庸之道。

#5.5 品牌形象建立：主動發掘 vs 被動發掘

主動發掘（Active Discovery）是指透過搜尋引擎主動的尋找品牌的資料，從而建立顧客的品牌印象（Perception）。

被動發掘（Passive Discovery）則是關於你無意間接觸到的媒體。例如你在 Facebook 動態上看到某個品牌的宣傳，如果他們成功引起你的好奇心，這樣就可以引發你上網搜尋他的品牌。又例如你看到的 Facebook Feed 裡面的廣告，其實是依據你的興趣愛好為你呈現的一個適合你的版面。

例如鐘錶品牌歐米茄推出了 Omega Black 手錶系列，推出之前舉辦了一些產品發布會等的宣傳活動。整個宣傳活動是從被動到主動的發掘過程，人們在發布會之後開始在網上搜尋這個系列的手錶。在 Omega 的個案裡，從被動到主動發掘，其實只用了 3 天的時間。時間之短，令我們意識到現代公關的確是與時間競賽，為客戶製造最好的行銷條件。

可見搜尋引擎、社交媒體與線下活動，三者其實聯繫非常緊密。從線下的推廣活動，就如 Omega 的推出產品的活動，引發潛在消費者在網上搜尋產品，希望了解更多關於該品牌的資訊。或是從社交體中接觸到某產品的宣傳，再透過網上搜尋該產品，從而出席其線下活動了解更多資訊，這就是從被動到主動的過程。

#5.6　化解公關危機

你還記得不同的公關災難嗎？現今公關陷阱處處，一不小心便把自己品牌的形象搞砸。以前傳統媒體的報章雜誌影響力較少，現在網絡令所有資訊都變得很即時，令社交媒體平台（Social Media Platforms）成為了影響力最深的媒體。

隨著媒體的轉變，公關的工作也隨之而變。現今的公關需要與時間競賽，分秒必爭，務求做到滴水不漏。如果你希望在網上宣傳產品，開始之先你要記得，一日之內你的產品有可能一炮而紅，也有可能受盡公眾批評。

公眾的滿意度對於建立品牌形象非常重要。災難爆發的時間和受到的反應很快，公關需要給予即時的反應。我們將近年的公關災難分成 5 大類：

01.　不好的用家體驗
02.　政治敏感議題
03.　促銷活動
04.　公眾活動
05.　不當行為和 KOL 錯配

在 5 大類公關災難下，各自挑選了一件較代表性的公關事件，說明他們如何解決問題，供大家參考：

1. 不好的用家體驗個案：友邦保險事件

2015 年 6 月 27 日，台灣八仙樂園發生粉塵爆炸。7 月 1 日傳出保險公司友邦保險（AIA）刻意刁難意外傷者。7 月 2 日 AIA 發出聲明澄清傷者購買的保險並不包括送回香港治療的部分。儘管如此，AIA 仍然提供專機送傷者回港，解決了這一次的公關災難。

2. 政治敏感議題個案：GOGOVAN 事件

公關災難的成因也可能有政治的議題，例如內地和香港的矛盾。GOGOVAN 創辦人受邀出席一個關於創新科技論壇，但該活動的合辦團體有民建聯。網民對於 GOGOVAN 參與和民建聯有關的活動表達不滿，並明言要刪除 GOGOVAN 的應用程式，並杯葛罷搭 GOGO-VAN。這次的公關災難很明顯與政治事件有關，GOGOVAN 於是在 Facebook 發出名為〈對不起，我們會從錯誤中學習〉聲明，聲稱對於民建聯有合辦此活動全不知情。網民對此回應好壞參半，有人認為參加活動之先應該預先看清楚，有人則認為 GOGOVAN 願意承認錯誤是好事。

3. 促銷活動個案：Ruby Tuesday Coupon 事件

有時候為了宣傳產品或是提高品牌知名度，品牌會推出優惠活動。殊不知優惠活動也能帶來關公災難。

2016 年 4 月，Ruby Tuesday 為了報答忠實客戶的支持，推出免費漢堡優惠券。但優惠券的條款出現一些漏洞，令很多顧客紛紛去排隊

領取食物。有長期光顧的顧客表示，餐廳為了應付漢堡優惠，將他們拒於門外。

這件事隨即引發網上激烈討論，不少網民對於餐廳員工的態度感到不滿。Ruby Tuesday 後來將部分批評的留言刪掉，令事件再度升溫。最後 Ruby Tuesday 發聲明承認錯誤，但網民表示「不收貨」，表示餐廳已經失去了忠實顧客的支持。

這個災難令 Ruby Tuesday 的形象嚴重受損，不但沒有吸引一批新的支持者，更失去了原有的顧客。公司的公關完全沒有想過要「拆彈」，反而犯下更多的錯誤。花了錢去宣傳，但卻損害了公司形象，確實是得不償失，可說是「賠了夫人又折兵」。

4. 公眾活動個案：資生堂（Shiseido）影片推廣事件

「過了 25 歲就不是女人了？」資生堂的兩段宣傳短片帶來巨大的公關危機。

在短片中，女主角過了一個「Unhappy Birthday」，身邊的朋友也在說「過了 25 歲就不是女人了」。一句「過了 25 歲就不是女人了」激怒了日本網友，紛紛表示廣告有歧視女性的內容。廣告原意是女性過了 25 歲就要更著重保養，用其產品可以使女性保持年輕皮膚。但一句「過了 25 歲就不是女人」闖了大禍，廣告收來大量投訴：「這是甚麼年代的垃圾價值觀？」「簡直是歧視女性！」「女人除可愛外就完了嗎？」「究竟是哪個天才想出來的點子，要和所有女性作對嗎？」事件在網上燃燒，越鬧越大，資生堂隨即公開道歉，稱廣告只是希望

帶出「女性應追求進步」，沒有冒犯訊息，廣告亦急忙下架。一般廣告在公開前會邀請外客舉行試映會收集意見，也許資生堂和廣告公司遺漏了這一步，結果搞出如此一場「關公災難」。

5. 不當行為和 KOL 錯配個案：萬事達卡（Mastercard）事件

現今行銷要懂得運用人的影響力。從傳統的代言人到現今的 KOL，也是沿用一條道理──懂得用人唯才。公關災難除了是公司行政錯誤外，錯選 KOL 也可以釀成大禍，萬事達卡（Mastercard）的例子就正正說明了這個情況。當時 Mastercard 找來梁烈唯（唯唯）做為代言人，但梁烈唯被網民稱為「負評王」。在信用卡推出時曾經在微博發表愛國言論，由於內地和香港矛盾日深，惹來香港網民的不滿。有網民更發起剪信用卡的行為。最後公司把梁烈唯的宣傳短片隱藏，將災難的影響降低。

從以上可以得知網上的聲音對品牌的影響。所以公司在有意推出廣告活動時或發生事故前，不妨在以上幾個公關災難中借鑑，看看有沒有不小心觸摸到地雷，那樣可以有效地降低公關災難發生的頻率。

#5.7 「雞，全部都係雞」事件——反思是否要過分依賴公關

2016 年，網民將《夢中的婚禮》這首古典音樂加入歌詞「雞，全部都係雞」，在網絡引起很大迴響。麥當勞於是趁機推出麥樂雞「買一送一」優惠，算是一個聰明的「抽水」。

就香港的真實情況而言，Facebook 佔據了社交媒體的一大部分，所以很多突發事件也是在 Facebook 浮面的。例如歌手黎明的 4D 演唱會，場地因受到防火問題影響而要取消部分日子的演出。

黎明很快速的交代事件，利用 Facebook Live 與歌迷直接對話，並為事件負全責，因而受到網民的支持，表示他願意承擔責任和立刻向公眾道歉是良好的行為。從這個例子可見，黎明不依靠公關發表聲明、不依賴公關進行危機處理，反而自己出來現身說法。最後在 Facebook 收到超過 95% 的正面評價，只有兩個「憤怒」的評價。發生問題到解決問題的時間非常迅速。雖然起初是一個危機，幸好的是回應並不是太差，成功的化危為機。

這件事其實也值得我們反思公關的重要性以及定位。公關危機某程度上也是公關對形勢判斷錯誤而引起的問題，過分依賴公關技巧究竟是不是一件壞事呢？

這就讓大家自己想想如何平衡你的企業定位了。

#5.8 綜合顧客歷程（Integrated Consumer Journey）

事實上，你品牌的著陸頁就是搜尋引擎上的搜尋結果。即使你的品牌沒有網站，別人也可以在網上找到關於你的品牌的評語。例如一些餐廳可能沒有自身的網站，但只要你在搜尋引擎中寫下餐廳的名字，OpenRice、FourSquare 這些評論網站裡面還是能夠找到餐廳的資料。

第二種的接觸途徑就是依靠口碑（Word of Mouth），是日子有功賺來的。很多時候，用家搜尋你的品牌。他們未必第一步就去你的網站，可能他希望先看看別人對你品牌的評價，然後再做決定。口碑在此時就變得很重要了，決定了顧客的去向。

在綜合顧客歷程裡，首先，線下的廣告、報紙雜誌會建立顧客對於品牌的好奇心。75% 的受訪者表示對產品有興趣以後，一般都會在網上搜尋更多關於品牌的資料，例如 Word of Mouth 或者官方網站。顧客會不停在其他人的評語和 Product Library 之間周旋。最後作出消費決定。傳統的行銷方式是先建立網站再進行其他行銷工作，但這過程需要時間建立內容，而且內容也要不停更新，需時較長。

81%
的人開始用搜索
引擎瀏覽互聯網

Curiosity

上網尋找

口碑　　　　產品庫

來來回回

SHOP

BUY

75%
的人在購買前
先上網搜尋

＃ 個案分享：兩大航空企業的危機處理所帶來的營銷啟示

2017 年 6 月，一架中國國際航空（下稱國航）客機險些撞山，事情不禁令人回想 2016 年深圳航空（下稱深航）客機幾乎撞向大佛的同類事件。面對性質相似的「關公災難」，兩大航空公司選擇不同的處理方式，最終帶來的公眾反應和衝擊也大有分別。

深航事後坦白承認過失，表示已暫停涉事機師職務，並承諾檢討和加強安全訓練，而國航則以無線電頻率繁忙為由，試圖掩飾是次出錯，但後者顯然忽略了在如今社交媒體發達的年代，控制塔對話紀錄及客機飛行軌跡是很易被披露及廣傳。

因此，深航事件發生後，只衍生出一波的災難，無論傳媒及網絡上的輿論氣氛均在短時間內幾乎同步滑落；但國航交代事件後，先是引發傳媒的第一波災難，然後更釀成社交媒體的第二波強力反彈，讓該企業面對更沉重的聲譽受損。

以上例子正好給企業一個啟示：身處這個社交媒體發達的新世代，資訊的透明度和流動性往往是極高，而且即使是小眾，只要他們廣泛掌握有關資訊及聚集輿論，其威力足以動搖一間大企業的形象與發展。

故此現今的企業處理公關營銷上，必須格外小心，不宜試圖以混淆不清、掩蓋真相的方式處理災難，以為這樣可以淡化危機，事實上這只會火上加油，更易引發另一波的網絡災難。若企業能掌握這個嶄新的營銷環境，即使面對「關公災難」，也能較易化解危機。

#5.9　網上形象管理

當公關災難發生時，要如何處理才可以做到「滴水不漏」呢？需要從三部曲入手：一是聆聽（Listening），聆聽不同媒體上的聲音，找出究竟人們怎樣談論品牌和為何對此不滿；二是反省（Introsepction），反省自身為何會引致這些問題的出現；三是補救（Remedy），針對問題提出補救措施，建立勇於承擔及值得信賴的形象。

第一部曲：聆聽（Listening）

關於聆聽，關鍵就是筆者在前文深入討論的社交媒體聆聽，從聆聽中了解到不同媒體討論品牌的主體、範圍和優劣之處是甚麼，找出啟示。你要找出災難的源頭。可以專注在「3W」和「1H」上。

1.Who：有人在討論你的品牌嗎？是否同時也在討論競爭者的品牌？
2.What：用戶的評論是好是壞？從中得到甚麼啟示？
3.How：如何聆聽？先透過搜尋引擎，再運用社交平台？
4.Where：討論的地區集中在哪裡？除了香港和內地以外，國際平台上有人討論嗎？

聆聽的第一步就是了解你和競爭者的品牌，需要留意產品搜尋結果的評語是好是壞。例如當你在搜尋器輸入字眼時，常常會有一些自動彈出的相關搜尋字眼，這些字眼其實對品牌網上形象也有很大影響。因為這些字眼會留在搜尋頁一段很長的時間，如果是負面的搜尋字眼，更會在建設品牌形象有惡性循環。

第二部曲：反省

這一步的目的是為了找到問題根源所在及找到應對的方式。在第一部曲的聆聽中，已經了解人們對你品牌的評價及感覺，而第二部曲就是要找到人們為甚什會有那些評價的原因，看我反省，然後對症下藥，相比起一直掩蓋事實的真相或是矢口否認，這樣可以避免問題不斷漫延及擴大，最終一發不可變收拾。在反省過程後，我們最優先處理的，是近期發生的負面新聞或醜聞，然後逐步處理社交平台上的劣評，包括論壇及 Facebook 的討論內容，以免事件像滾雪球般加劇。

一般而言，資訊可以分為 4 種：

01. 評論（Comment）
02. 查詢（Enquiry）
03. 投訴（Complaint）
04. 抹黑（Bad Mouth）評論（Comment）

這 4 個當中需要留意的是抹黑。一般評論的回應都可以在一天或兩天內完成，但抹黑回應的速度要更快。至於一些來自論壇或社交平台的負面評價，就需要在 4 至 24 小時處理。

第三部曲：補救（Remedy）

品牌需要向消費者顯示及建立正面的品牌形象，當中不外乎兩個方法，包括建立口碑（Word of Mouth）和 KOL 的宣傳——從行內名人的正面意見中重塑品牌形象。

儘管網上言論是複雜和難以完全掌控，但補救，也是有聰明的做法。所以，我們建議依靠口碑行銷 Word-of-Mouth（WOM）、小道消息（Gossip）、廣告（ADS）重新建立你的品牌形象。

以往的傳統媒體依賴不停在電視上播廣告來製造首次接觸行銷（First Moment of Truth），但今時今日，顧客都會先考證廣告的內容再購買，更加依賴第三者的評論（Word Of Mouth）。不是看官方網站，而是透過第三者網站，稱為 ZMOT（Zero Moment of Truth）。

營銷的「關鍵時刻」 建立品牌形象的重要方向

無可否認，消費者主導已是今時今日的一個大趨勢，消費者的反應往往主宰品牌的命脈。

消費者在購物和享用各種貨物的前後，都往往於網上查閱或撰寫評論。以香港為例，就有超過 75% 的人會於消費前上網搜尋相關資訊。這正好反映，其實現在線上與線下的市場營銷關係已是十分密切，品牌無法忽視前者的重要性。

然而，在這個資訊爆炸的年代，消費者不會單向地等待接受品牌硬推的正面訊息，卻懂得篩選一些他們認為不夠真實和客觀的訊息，找出他們覺得比較可信的資訊。

因此，品牌該以怎樣的營銷策略應對？

關於這點，「關鍵時刻」成了品牌的指導原則。所謂的「關鍵時刻」，

可分為 4 種：零類接觸行銷（Zero Moment of Truth），是用戶從網上搜尋中接觸品牌的首個時刻；首次接觸行銷（First Moment of Truth），是潛在客戶首次接觸到產品的印象；二次接觸行銷（Second Moment of Truth），是顧客使用產品和服務後的觀感；最後接觸行銷（Ultimate Moment of Truth），消費者方始向外界分享用後體驗，繼而製造出更多的零類接觸行銷。

而對於當今的品牌營銷而言，在四者當中，零類接觸行銷及最後接觸行銷可謂極為重要。

在消費者搜查產品之前，若然品牌能夠準確分析和成功捕捉消費者在決策時的關鍵時刻，透過大數據的分析、有效監察，以及透過軟性的方式向消費者顯示正面的品牌形象，建立口碑（Word of Mouth），就能向他們傳達正面的品牌訊息和印象，從此影響力他們的決定。

引申下去，當他們從零類接觸行銷已經取得良好的品牌印象，繼而經歷良好的用後感覺，便會驅使他們向外界傳播正面的品牌評論，從而為品牌建立了一個良性循環，改變其他潛在消費者的決策。

可見，當今要在營銷取得成功，品牌不能再依靠硬銷的方式，必須找出一套更貼近消費者的宣傳模式，潛移默化改變他們的取向，而捉緊「關鍵時刻」，正是重中之重。

不要讓品牌廣告出現在不法平台上

Google 宣布在 2018 年開始不會再在 YouTube 影片前加入 30 秒的

強制廣告，不過在新措施實行之前，我們看 YouTube 仍暫時要「忍受」著不同的廣告。除了 YouTube 外，我們瀏覽互聯網時常見的廣告形式還包括 Facebook 動態旁邊的廣告、跳出的廣告視窗、Yahoo 首頁的廣告等，這些大部分都是以程式化廣告（Programmatic Advertising）的形式進行。

程式化廣告是一種精準行銷概念，數碼營銷公司或廣告代理會為品牌追蹤潛在客戶，在客戶瀏覽的網站上提供即時廣告。其背後原理大多是利用實時競價、後台系統自動程式購買媒體版位等，可以即時聆聽及改良價格。

對品牌而言，這無疑是一個非常方便的廣告途徑。不過，程式化廣告流量大而且競價時間非常短，一不留神，便會增加品牌廣告出現在暴力色情、極端主義和其他不安全網頁的風險，更會不知不覺地通過廣告資助這些網站。

早前，Mercedes-Benz、Jaguar 和 Netflix 等著名品牌都在名為 Beautiful Song 的 YouTube 視頻投放了廣告，該視播放著極端組織 ISIS 旗幟。很多品牌都指，他們對於自己品牌的廣告在該網站播放全不知情，更表示深切關注。

公司擔心會為數位推廣宣傳付出巨大代價的同時，亦指責程式化廣告及廣告代理商的操作有漏洞，令品牌廣告錯誤投放於暴力色情、極端主義和其他不安全網站。Google 發言人表示：「我們會移除 YouTube 上被標記的視頻，對於違反規則、帶有煽動暴力或仇恨等內容，均採取零容忍政策。」不過廣告代理商則指 YouTube 仍未能

正確地分類出敏感內容的視頻。

我們暫時仍未能完全避免數碼廣告平台出現具爭議性和令人反感的內容，所以未來還要靠廣告平台做好審核工作，令想通過廣告賺取收益的用戶及其影片都符合標準。這樣，才能保障包括品牌客戶、廣告代理商、數碼營銷公司及廣告平台本身等的多方利益，以免引起不必要的道德爭議。

總結

總括而言，數碼行銷的出現改變了公關行業，更準確而言，是互聯網的出現改變了世界。公關最主要是協助企業管理形象及處理突發危機，然而在這資訊爆炸的年代，資訊傳播的速度實在太快、太廣及太深，任何一件你認為微不足道的事都可能會大大損害企業形象，更會危害企業的延續，可見現今的公關行業的地位比以往更為重要。在上述的不同例子中，我們可以發現到一件事，那就是一個好的公關，能夠轉危為機，而一個不好的公關，是會化機為危。因此企業在推出不同的宣傳活動或是處理突發事件時，可以從公關的角度思考一下，看看隱藏的是危險還是機遇。

文章到了這裡，有讀者可能會發現前文的案例中，主角很多都是商業機構，那是不是代表非政府機構不需要數碼化呢？其實並非這樣，他們在數碼方面同樣有需求的。接下來會為大家講述一下非政府機構對數碼化的需求。

非政府機構對數碼化的需求
（ NGO Digital Needs ）

▶

香港與很多國際大都會一樣，雖然是彈丸之地，卻聚集了很多非政府機構（Non-Governmental Organizations，簡稱「NGO」），這些機構的運作，往往帶著社會目的，例如救助貧困、促進教育、推廣宗教等。有趣的是，大家談起「數碼化」、IT，往往很容易會聯想起商業機構，但很少會聯想起非政府機構，其實，非政府機構在數碼方面的需要同樣殷切。

為了讓讀者認識更多，筆者特地採訪香港基督教女青年會（Hong Kong Young Women's Christian Association，簡稱 HKYWCA）和循道衛理亞斯理社會服務處（Asbury Methodist Social Service），分析有關這些 NGO 在數碼化的發展及需求，供大家借鏡。

#6.1　香港基督教女青年會

對於像香港基督教女青年會（Hong Kong Young Women's Christian Association，簡稱 HKYWCA）1,100 位員工和 83 個中心的大型機構而言，資訊的傳遞非常重要。基於機構的規模，以及涉及的服務種類廣泛，他們需要一個快速並穩妥的資訊系統。現在，每位員工都有個人電腦，基本的辦公室周邊設施也算是足夠，大家的聯繫，除了電話以外就是電郵。

社交媒體

青少年作為女青年會的主要服務群體，女青年會當然熱衷發展社交媒體，藉著訪談，我們發現原來女青年會有很多 Facebook 專頁，每個中心可能有自己的一個專頁，每個服務單位或課程也可能有一個，似乎大家都在善用社交媒體，為項目做宣傳，也可以得到實時的回應。然而，細談之下，發現其中一個挑戰就是正正在於專頁太多，而且沒有一個統一的管理，有些時候無論是專頁／信息的設計，或是信息的內容未必能一致，而且這些專頁大多由前線社工主理，他們未必善於設計，信息的吸睛度其實可以更高。在社交媒體的管理上，集中的處理或許能解決部分的問題，使資源調配更集中、更用得其所。

數碼平台

提及數碼化，女青年會也在一步步向前走，數碼平台是其中一個主要發展路向。數碼平台能夠擴闊傳統非政府機構的服務規模，在現今社會人士足不出戶的年代，機構利用數碼平台亦能接觸到不同的對象，

為他們提供適合的服務，或舉辦不同的活動。例如為濫藥人士提供戒毒服務轉介、提供網上輔導、加強外展計劃的服務範圍，藉著數碼平台的分享功能，可以更有效傳播不同活動信息，吸引街外人士到機構的社區中心接受服務或輔導，或更易結識朋友、社工，了解所需。即使是身患疾病或殘疾人士，亦能安坐家中，利用不同社交平台，發表己見，發表所需，尋求協助；更能有效尋找志同道合的朋友，一起交心，組成小群組。非政府機構使用數碼平台，能有效建立一個社交平台，以建立良好的溝通橋樑，接觸受眾、推廣和檢討活動成效。

數碼推廣

除了數碼平台外，運用數碼的渠道為機構進行推廣，也是重要的範疇，在機構內裡也有委員會討論 IT 資源的分配，但資源大多投放於改善本身的運作系統，讓其變得更自動化，較少考慮投放於網上做宣傳及推廣，內部對這方面的認知亦不足，很容易忽略了廣告和知名度的重要性。

面對的困難

對比起一般的商業機構，資源緊絀是非政府機構在數碼化步伐上的主要困難之一。像女青年會，營運資金的來源來自公帑及捐款，在資源緊絀的情況下，科技的需要往往容易被視為較次要的項目，然而，上述所提的數碼平台、數碼推廣，無論是硬件或軟件，所涉及的投資金額往往不菲。除了資金外，另一項缺乏的資源就是人手，要尋覓得既懂得開發及管理數碼平台，而又懂得機構前線服務需求的人才，實屬艱難，因此現在有時候只能單純倚靠義務顧問提供意見。

另外，大型的非政府機構，基於其發展歷史和規模，形象往往較保守，對於數碼平台、數碼宣傳這些較嶄新的嘗試，大型機構同時要面對內部持份者的不同立場，有時就算萬事俱備，但東風仍欠的話也未能成事。另外，培訓不足也是問題之一，教育前線人員如何妥善運用科技工具之相關培訓，至今仍是缺乏，因此除了硬件的提供外，軟件的配合同樣是非常重要。

出路

訪談之中，當然不盡只是談及問題，其實也有提及到 NGO 在數碼化的出路。為行業提供更多培訓的機會，可以大大促進行業的數碼化步伐，例如提供數碼推廣的講座，讓前線人員認識不同的數碼工具（如社交平台、網頁、App、YouTube 等），再加以應用到不同的活動範疇上。

另外，面對資源緊絀的問題，其中一個出路是尋找網絡上免費的工具，例如利用 Google 的資源如 Google 分析（Analytics）獲取網頁的數據，分析受眾／會員的上網習慣及地域分布等，更有效認識他們，藉此向他們提供更切合需要的服務。

反映出像香港基督教女青年會這種較大型的非政府機構，對於數碼化已經有一定程度的應用及認識，但是缺乏了有系統地進行數碼推廣，導致不能發揮應有的功效，而且在過程中亦缺乏資源及人手，所以筆者希望可以透過本書，使這些非政府機構如何在僅有的資源及人手上，仍然可以作出有效的數碼推廣。

#6.2　循道衛理亞斯理社會服務處

與女青年會不同，循道衛理亞斯理社會服務處（Asbury Methodist
Social Service）規模相對較小，有 7 間中心，員工約有 80 人，當
中過半是社工。由於機構不算大，因此沒有一個專責照顧 IT 的部
門，機構把與 IT 相關的工作（例如電腦維修、網站管理、會員資料
庫、人事管理等）外判至一間科技公司，由於收費的方式每次以時段
收費，為了節省成本，機構很多時候把不同的科技疑難累積起來，一
次過集中向公司求助，但背後衍生的問題是員工往往要等較長的時間
才能獲得協助。因此，當員工們遇上科技的疑難（例如未能接上網
絡），很多時候只能靠自己或同事幫忙去解決問題。

網站

同是基於外判的原因，網站的更新也是需時甚久，任何網站更新，同
事需要將更新的內容經負責同事發至外判商，整個流程往往要兩個
星期。由於這限制，很多前線想發布的資訊，大多不會發至網上，
反倒寧願是在各自的社交媒體（如 Facebook、WeChat）上發布，
而網頁的更新，大多只是用於上載恆常的報告或會員通訊（Newslet-
ter）。

社交媒體

提起社交媒體，在訪談時，知道服務處 Facebook 的跟隨者（Follow-
er）大約有 160 人，Facebook 上大多是放上活動的宣傳及照片等，
也算是不錯的宣傳渠道。有時也會從帖子（Post）得到一些讚好

（Like）或評語（Comment）。跟服務處的負責人員談到會否付費予 Facebook 來做廣告，他們回應說暫時都應該不會了，原因是不知道在 Facebook 下廣告的回報有多少，也不知道閱讀廣告的人是否是目標群眾，因此有所卻步。

付費系統

付費系統（Payment System）也是其中一個重點項目，單是處理會員報名參加課程及提交報名費已是很繁瑣的工作，近年來機構已採用網上報名和付費系統。然而，當中仍有很多改善空間，例如在網上系統裡，存在一位會員可以多次報讀同一個課程的漏洞，原因是網上報名的系統由外判商提供，系統很可能是取自網上購物的系統範本，不過，在網上購物中，同一貨品可以購買多於一件，然而同一課程卻不可以報讀多次。像這些細微的地方，確實有不少可以改進的空間。

硬件

與大型的非政府機構一樣，服務處同樣希望能尋覓得熟悉科技的人才，不過在訪談之中，我們明白除了人才（軟件）以外，對較小規模的機構而言，硬件同樣是在願望清單（Wish List）上。例如機構有時候會採用短片的方式為活動作宣傳，但可以拍攝影片的器材並不多，在訪談中，發現中心只有 2 部相機，以及很少量的攝錄器材，反映出小型的 NGO 在數碼化的軟件及硬件上，可能面對著資源不足的問題。

數碼化

於訪談中提及了數碼化，大家也相信數碼化的浪潮可以是 NGO 的增長點。受訪人員提到重點是要「切合服務」，數碼化本身不是一個終點，而是一個過程，為受助對象提供更好的服務，所以，數碼化不能「閉門造車」，不能單靠顧問或是管理層，必須有前線員工的參與和提供意見，使科技能妥善地做到切合服務。

相比起大型機構，循道衛理亞斯理社會服務處這種規模的機構更難邁向數碼化，同樣地面對資源及人手不足，而且關於 IT 的工作經常會外判出去，使到在數碼化上的靈活性及可行性更加低，所以這類型的機構想要進行數碼化，需要有各方的互相配合，而且一定資源的投入，當然不是代表資源越多便越好，而是如何才能有效地使用才是關鍵。

總結

無論是牟利機構或是非牟利機構，同樣對數碼化存在需求。上述的 2 個例子帶出了一個重要的理念，那就是即使在資源不足的情況下，機構亦能借助數碼化引起討論，最終成功被大眾關注到。大型機構如香港基督教女青年會，對數碼化欠缺了一個有系統的整理，資料及人手短缺亦是其面對的重點問題之一；而小型機構如循道衛理亞斯理社會服務處所面對的短缺問題及靈活性問題就更為嚴重。

※

非双以螺转旋螺以双非

後記

隨著互聯網的崛起，市場營商環境已經產生了根本性的轉變，數碼行銷的應用性及有效性亦已受到廣泛的討論。傳統的行業若是繼續墨守成規，生意想必一落千丈。因此，筆者經常在思考一個問題，在數碼行銷的衝擊下，傳統行業應該如何謀求出路及突破呢？結論是傳統行業在做好實體店之餘，亦要擁抱數碼化，才可保持競爭力並將產品推向國際市場。所以，本書是為了令各位讀者對數碼行銷有一個系統性的概念，可以自己動手設計最合適的數碼行銷方案。數碼行銷模式是可以承載所有商業的行銷模式。就算別人抄襲，也有方法可以持續去改變，甚至可以變得更加與眾不同。但要注意的是，在別人的生意上可行，並不代表在你的生意上可行。而如果數碼行銷的模式不可行的話，做甚麼也沒有效用。

數碼行銷歸功於科技的日新月異，使行銷變得更加千變萬化，不再受地域、時間、成本等因素所限制。而數碼行銷不單單是對銷售產生影響，其影響之廣泛可謂是遍布所有行業，其中最受影響的當數廣告業、公關業、資訊科技業等等。數碼行銷為這些行業帶來了危機，同樣亦帶來了機遇。若他們不創新變革，那麼對他們而言，數碼行銷的出現將使他們被淘汰。但如果他們能捉緊這些機會，那麼在他們面前將是巨大的市場及利潤。當中全賴於電子商務的急速發展，使數碼行銷的地位及重要性不斷上升。電子商務改變了世界的消費模式，當你開始拓展電子商務時，你的商品及服務就已經是面向世界，不再是單

一地區或是一小撮消費者，而是全球各地的潛在消費者都可以經由網店接觸到你。

以前，市場人員可能要靜待廣告或新產品推出兩星期，再慢慢搜集市場反應。但現在是數碼時代，市場人員可以拿到大量的即時數據，這些資料看似很值錢，但又應該如何變現呢？數碼行銷就是透過不同的平台及媒介，如電視、手機、電腦、報紙雜誌、廣告板等將資訊迅速地傳遞到用戶手中，再根據他們的瀏覽方式整合成為不同資訊，成為大數據。分析市場人員根據這些大數據，便可以分析消費者的購物模式，制定統籌「數碼行銷」策略，並在產品接觸客戶的層面和宣傳技巧上，隨機應變，迎合需要。然而，萬變不離其宗，想活用數碼行銷，必須在掌握好傳統市場學概念後，以此作基礎，再作延伸。這樣才能有效探討數碼時代裡，消費者的購買模式及相應的市場應對策略。

隨著數碼科技的發展，顧客的消費模式從線下轉到線上。有鑒於此，行銷的模式不斷變化，廣告也從傳統媒體轉移到線上戰場。從瀏覽網站時出現的展示廣告 Display Ads，到觀看 YouTube 短片前跳出的 YouTube Ads，從 Facebook 不時出現的 Facebook Ads，到 Apps 裡內置的 Mobile Ads，在線上到處都有廣告的身影。可以說，行銷的方式是千變萬化，爭相以不同的方式吸引消費者，數碼行銷亦應運

而生。其實不論是傳統或是數碼行銷,大家都是類似的,但也正在改變中。由最傳統的 4Ps,到現在的 8Ps,由以前的線下媒體到現在線上的線上媒體,由以前的小數據到現在的大數據,時代不斷進步,行銷不斷改進。8Ps 就是在 4Ps 的基礎上不斷完善改進,而所有行銷精神則是不變的,行銷就是要不斷創新與更迭,捉緊每一個時代的脈動。當然,這並不意味著舊的模式就不再有用,就像在今時今日我們不可能只做社交媒體,而忽略了較早期的 SEM 和 SEO,這是不可行的!此時,SEO 更加是所有行銷的基礎,不容忽視。只是單一地利用一種工具作行銷,很難達到有效的行銷。所以數碼行銷的要求就是運用不同的工具,去推廣同一種產品或服務。有些是資訊分享,有些是建造社區網絡,有的幫你傳達資訊,有的是透過分享體驗提升知名度。但無論運用任何工具,你必須能善用不同的工具,使每樣工具發揮不同的作用,透過不同方式滲透到客戶上,這就是我們經常提及的相輔相成,也是行銷人員不可疏忽的重點。

鳴謝

我們三個身邊的朋友都知道，寫一本關於 Digital Marketing 的書，與更多人分享我們多年的經驗和案例，是我們三個一直想做的事情。現在，這個心願終於完成了！

首先，我們要感謝我們的上主，因為一切美好的恩賜都是由祂而來的。

其次，感謝我們彼此毫無保留地貢獻了大家的專業知識，使得這本書具有專業性和可讀性，對大家過去多個日夜不眠不休的努力實在感激！

再者，我們想花一點時間，感謝所有為這本書提供過支持和幫助的朋友們。我們也要感謝下列各位朋友（排名不分先後）給我們提供的幫助、指正和推薦。沒有你們，我們這本書不會這麼順利面世。感謝香港桌球運動員、著名人士傅家俊先生的全力推介，還有萬希泉鐘錶有限公司創辦人及董事長沈慧林先生、哈佛大學肯尼迪學院博士後研究院士黃淑儀博士、K11 Concepts 營運（香港）資深董事胡玉君女士、香港工業總會理事（能源及動力分組副主席）張寶中先生、香港市務學會前主席嚴啟明先生、香港基督教女青年會董事江慧芝女士、香港賽馬會零售業務主管鄭德銓先生、全球財智薈萃（香港）有限公司總裁及副主席黃建忠博士、《Metro Pop》雜誌及網站創辦人及行政總

裁陳凱思小姐、香港理工大學中英企業傳訊文學碩士學位課程主任魏城璧博士、Snapask 首席執行官余佑謙先生，以及官燕棧國際有限公司執行董事李碧華女士。另外，更加感謝陳可婷女士和梁穎勤女士，兩位為本書編輯所付出的努力，是你們讓這本書更好地呈現在讀者眼前。

與此同時，我們要感謝我們的妻子，Jeffrey 的太太 Joyce，Baniel 的太太 Maria 及 Danny 的太太 Tammy。你們的支持實在是我們很大的動力。也把這本書獻給我們三個家庭和下一代，Jeffrey 和 Baniel 都有三個孩子，相信不久的將來 Danny 也會有他的孩子，也許當孩子們長大了，讀到這本書的時候，裡面的內容或已經過時了，但是對知識的渴望和探索的精神永不改變。

最後，謹以此書獻給對新事物和新知識存心追求的朋友們。

鳴謝

責任編輯	周怡玲
書籍設計	陳偉
排版	陳先英

書名	數碼行銷的哲學
作者	朱俊昌、張天秀、葉小東
封面及扉頁插畫	Kevin Ng、Roy Chan

出版	三聯書店(香港)有限公司
	香港北角英皇道 499 號北角工業大廈 20 樓
	Joint Publishing (H.K.) Co., Ltd.
	20/F., North Point Industrial Building,
	499 King's Road, North Point, Hong Kong
香港發行	香港聯合書刊物流有限公司
	香港新界大埔汀麗路 36 號 3 字樓
印刷	美雅印刷製本有限公司
	香港九龍觀塘榮業街 6 號 4 樓 A 室
版次	2018 年 7 月香港第一版第一次印刷
	2019 年 3 月香港第一版第二次印刷
規格	大 32 開(140mm x 200mm)240 面
國際書號	ISBN 978-962-04-4374-9

三聯書店
http://jointpublishing.com

JPBooks.Plus
http://jpbooks.plus